Germania Marquina-Chidsey • Diego Tresinari (Eds.)

Aceite de Mastranto (*Hyptis suaveolens*):

Propiedades, Extracción y Aplicación

Editora Infinito

Germania Marquina-Chidsey (Ed.)
Facultad de Ingeniería; Centro de Investigaciones Químicas, Universidad de Carabobo, Valencia, Venezuela

Diego Tresinari (Ed.)
Center for Ayurvedic Studies; Department of Food Science and Technology/Natural Products, Campinas, São Paulo, Brazil

Juan Enrique Matute Lozada
Facultad de Ingeniería; Centro de Investigaciones Químicas, Universidad de Carabobo, Valencia, Venezuela

Félix Manuel Quiroga Delgado
Facultad de Ingeniería; Centro de Investigaciones Químicas, Universidad de Carabobo, Valencia, Venezuela

Bárbara Alcántara
Facultad de Ingeniería; Centro de Investigaciones Químicas, Universidad de Carabobo, Valencia, Venezuela

Nohely Ostos
Facultad de Ingeniería; Centro de Investigaciones Químicas, Universidad de Carabobo, Valencia, Venezuela

María Rodríguez
Facultad de Ingeniería; Centro de Investigaciones Químicas, Universidad de Carabobo, Valencia, Venezuela

Julio Chacín
Facultad de Ingeniería; Centro de Investigaciones Químicas, Universidad de Carabobo, Valencia, Venezuela

ISBN 9798355375225

The Author(s), under exclusive license to Editora Infinito.

This work is subject to copyright. All rights are solely and exclusively licensed by the Publisher, whether the whole or part of the material is concerned, specifically the rights of translation, reprinting, reuse of illustrations, recitation, broadcasting, reproduction on microfilms or in any other physical way, and transmission or information storage and retrieval, electronic adaptation, computer software, or by similar or dissimilar methodology now known or hereafter developed.

The use of general descriptive names, registered names, trademarks, service marks, etc. in this publication does not imply, even in the absence of a specific statement, that such names are exempt from the relevant protective laws and regulations and therefore free for general use.

The publisher, the authors and the editors are safe to assume that the advice and information in this book are believed to be true and accurate at the date of publication. Neither the publisher nor the authors or the editors give a warranty, expressed or implied, with respect to the material contained herein or for any errors or omissions that may have been made. The publisher remains neutral with regard to jurisdictional claims in published maps and institutional affiliations.

CONTENTS

Introducción

Capítulo 1. Aceite Esencial de Mastranto: Obtención, Composición y Propriedades

Capítulo 2. Factibilidad Técnico-económica de Una Planta Piloto para la Obtención de Aceite Esencial de Mastranto (*Hyptis suaveolens*) por Diferentes Métodos: Extracción supercrítica e Hidrodestilación

Capítulo 3. Factibilidad Técnico-económica y Puesta en Marcha de una planta Tipo Banco para la Extracción de Aceite Esencial de Mastranto (*Hyptis suaveolens*) por Arrastre con Vapor

Capítulo 4. Elaboración de un Repelente de Insectos Voladores a Base de Aceite Esencial de Mastranto (*Hyptis suaveolens*) Extraído por Arrastre con Vapor y Extracción-Destilación Simultánea

About the Editors

Germania Marquina-Chidsey holds a PhD in Chemical Education from University of East Anglia (1979) England. She worked from 1967 to 1970 teaching Analytical Chemistry, from1972 to 1988 teaching Chemistry I and Chemistry II at the Faculty of Engineering at the University of Carabobo. Between 1970 and1972 she did work leading up to an MSc in Analytical Chemistry (1972) at Salford University, England. Between 9/1981 to 9/1982 she did postdoctoral work in Organosilicon Chemistry under Prof. Eaborn's supervision at Sussex University. She has supervised 1 promotion work, 1 MSc dissertation and 43 undergraduate research projects. She has published 12 papers in per- reviewed journals, one book chapter and 43 papers in scientific national conferences, and 14 in international conferences. One of her innovative works in teaching Chemistry I was studying the appalling pass rate in the undergraduate course which was increased due to an effort to change the weekly frequency of short exams which had an 80% pass rate in seven sections that year. The experience was repeated with ups and downs for seven years and the results were reported at the national conference. She had 6 scientific awards and nominations.

Diego Tresinari holds a PhD in Food Engineering from University of Campinas (UNICAMP) (2011), Brazil. During 2011-2019 he worked as a scientific researcher in Food Engineering Department at the University of Campinas. Between 5/2013 - 4/2014 and 1/2016 - 12/2016 he did postdoctoral internships in the area of Economical Evaluation of Natural Product Production in Switzerland and Spain, respectively. Besides, he did short-term research period at Dublin City University (Ireland), at the University of Chile (Chile) and at CONICET-Bahía Blanca (Argentina). He has published 85 papers in peer-reviewed journals, 46 book chapters, and more than 125 works in scientific conferences. Moreover, he developed 13 new processes/products, has 2 patents, and 21 scientific awards/nominations. He has participated in several research projects (more than 45) with both, public and private funding. He has supervised 2 PhD theses, 6 MSc dissertations and 17 short-period research projects. Among his many activities related to the promotion of scientific development, he serves as Reviewer for 71 international journals and as Member of the editorial advisory board for 21. In addition, he also was part of the organizing committee of 7 scientific conferences. He was Guest Editor for 2 special editions in International Journals and has Authored/Edited 14 books. Currently (2019-actual), he is Director of the Center for Ayurvedic Studies, Brazil. He keeps scientific collaboration with several institutions: The Energy and Research Institute (TERI, Northeast Regional Centre, India), Universidad de Carabobo (Venezuela), Universidad Técnica de Machala (Ecuador), University of Valladolid (Spain), Federal University of Rio Grande do Norte (UFRN, Brazil), State University of Feira de Santana (Brazil), Federal Institute of Education, Science and Technology (Capivari Campos, Brazil), among others.

Introducción

Venezuela es uno de los países con mayor diversidad de flora en el mundo, muchas plantas aún no han sido identificadas o estudiadas tal que en muchos rincones del país los pobladores utilizan plantas silvestres para diversas tareas cotidianas; sin embargo la utilización de muchas propiedades de nuestras plantas no han sido lo suficiente explotadas.

Los aceites esenciales obtenidos de la flora son mezclas de aproximadamente 100 componentes, lo cuales los convierten en una fuente potencial, su composición depende de la localidad y del método de extracción utilizado. Para extraer el aceite esencial de una planta, pueden emplearse diferentes métodos, entre ellos destacan la hidrodestilación, extracción con fluídos supercríticos y extracción por hidrodifusión. La producción de aceites esenciales derivados de la flora aromática constituye una base importante en varias ramas industriales, como la farmacología, cosmetología, perfumería, industria de alimentos y otros.

El mastranto (*Hyptis suaveolens*) es una maleza anual, originaria de América, es una planta de la familia de la menta, crece en rastrojos y orillas de caminos de las tierras cálidas y templadas. Su capacidad para adaptarse a ambientes que van desde el nivel del mar hasta los 900 metros por encima de este, lo convierten en una fuente potencial de aceites esenciales y en el llano se le considera indeseable porque invade áreas de pastos naturales.

Así que este libro presenta las propiedades del aceite de mastranto en el capítulo 1, seguido de una profunda discusión acerca de la factibilidad técnico-económica de algunas de las principales metodologías de extracción: extracción supercrítica, hidrodestilación y arrastre con vapor (Capítulos 2 y 3) con el estudio, al final, de la aplicación de base de aceite esencial de mastranto (*Hyptis suaveolens*) extraído en la elaboración de un repelente de insectos voladores.

El capítulo 2, "Factibilidad Técnico-económica de una planta piloto para la obtención de aceite esencial de mastranto (*Hyptis suaveolens*) por diferentes métodos: extracción supercrítica e hidrodestilación", tiene como objetivo realizar un análisis de factibilidad técnico-económica de la instalación de una planta piloto para la extracción del aceite esencial de mastranto (*Hyptis suaveolens*). Inicialmente se determinan las condiciones de operación más adecuadas para la extracción del aceite por los procesos de extracción supercrítica e hidrodestilación, se realiza un estudio de mercado para obtener información acerca del mercado potencial del aceite esencial de mastranto (*Hyptis suaveolens*); se realiza un análisis de localización de la planta piloto entre cuatro distintos estados del país; se realiza el diseño del proceso a escala piloto en base a la información proveniente del estudio de mercado y la investigación de laboratorio, tomando en cuenta los dos tipos de extracción empleados, para luego realizar un estudio económico y de rentabilidad de los proyectos de inversión propuestos.

En el capítulo 3, se continua a estudiar la factibilidad técnico-económica de la puesta en marcha de una planta para la extracción de aceite esencial de mastranto (*Hyptis suaveolens*) pero ahora por arrastre con vapor.

En el capítulo 4, "Elaboración de un repelente de insectos voladores a base de aceite esencial de mastranto (*Hyptis suaveolens*) extraído por diferentes métodos: arrastre con vapor y extracción-destilación simultánea", se buscó aprovechar la abundancia del mastranto, se extrajo su aceite esencial empleando los métodos de arrastre con vapor y extracción-destilación simultánea, aplicando análisis de varianza estadístico para establecer las diferencias entre los rendimientos de los diferentes extractos obtenidos. Seguidamente se caracterizó para conocer los componentes aromáticos, plantear y preparar formulaciones a diferentes concentraciones, se emplearon pruebas para verificar su estabilidad física y química, y garantizar la calidad del producto. Finalmente se ejecutaron ensayos dermatológicas, microbiológicas y de repelencia con el fin de desarrollar un repelente natural enfocado a los insectos voladores empleando el aceite esencial de mastranto obtenido como ingrediente principal, resaltando sus propiedades medicinales y los beneficios que puede brindar, presentándose como una alternativa ante los repelentes sintéticos que abastan al mercado.

(Editors)

Germania Marquina-Chidsey

germaniamarquina@gmail.com

Diego Tresinari

diego_tresinari@yahoo.com.br

Capítulo 1 Aceite Esencial de Mastranto: Obtención, Composición y Propriedades

Germania Marquina-Chidsey • Diego Tresinari • Juan Enrique Matute Lozada • Félix Manuel Quiroga Delgado • Bárbara Alcántara • Nohely Ostos • María Rodríguez • Julio Chacín

Resumen

En Venezuela existe una gran variedad de flora, que representan una importante fuente natural de aceites esenciales. Los aceites esenciales son mezclas de varias sustancias químicas biosintetizadas por las plantas que dan el aroma característico de algunas flores, arboles, frutos, hierbas, especies y semillas. Están conformados por terpenoides volátiles formados por unidades de isopreno, las sustancias responsables del olor suelen poseer en su estructura aldehídos, cetonas, esteres, fenoles, alcoholes su combinación actúa para dar una característica dominante del aceite esencial extraído. El mastranto (*Hyptis suaveolens*) es una maleza anual, originaria de América, su abundancia y su capacidad para adaptarse a ambientes que van desde el nivel del mar hasta los 900 metros por encima de este, lo convierten en una fuente potencial de aceites esenciales. Así este capítulo presenta un resumen de las propiedades del aceite de mastranto, su composición y principales métodos de obtención.

1. Introdución

El termino mastranto viene del latín *Mastrantum,* que quiere decir falsa menta, esto posiblemente se debe a cierta similitud en el olor de las plantas (Chacín, 2000). Este se clasifica en cuatro especies diferentes de las cuales tres se encuentran dentro del herbario de la nación. La otra especie no se ha observado en el país, aunque ha invadido las partes templadas del norte y sur de América (Chacín, 2000).

El mastranto (*Hyptis suaveolens*) es una planta aromática que se encuentra en zonas tropicales, es una maleza anual, que es raramente encontrada en altitudes inferiores a los 500 metros (Martins *et al.* 2006) su abundancia lo convierte en una fuente potencial de aceites esenciales (Chacín, 2000). Está asociada a la vegetación perturbada de sabana, manglar, bosque tropical caducifolio, bosque espinoso, bosque mesófilo de montaña y bosque de encino. Es una planta de 2 m de altura, ramificada, los tallos son pilíferos blancos y muy largos (Figura 1) (Pérez, 2011).

Figura 1. Mastranto (*Hyptis suaveolens*).

Sus hojas han sido usadas en la medicina tradicional para curar infecciones gastrointestinales, astringente, antiséptico, antiasmática, descongestionante, antitusígena, se emplea como desinfectante de erupciones cutáneas, sarna, prurito y úlceras (Pérez, 2011).

2. CARACTERÍSTICAS BOTÁNICAS. CLASIFICACIÓN.

1. Mastranto o lavaplatos (*Hyptis suaveolens*)

Familia: Labiatea (todas las especies de mastranto pertenecen a la misma familia).

Características fitotécnicas:

Hierba aromática de 1,5-2,0 m de alto, tallo cuadrangular, glanduloso, velludo e hirsuto. Hojas largamente pecioladas, aovadas, 4-10 cm de largo, de ápice agudo y base redondeada con margen aserrado. Se reproduce por semillas y puede trasplantarse. Presenta un ciclo de vida anual. Está distribuida ampliamente en Venezuela y presente en toda la América tropical (Chacín, 2000).

2. Mastranto (*Marrubium vulgare*)

Características fitotécnicas:

Hierba aromática de 25-90 cm de alto, con los tallos blancos, lanosos, hojas aovadas, 2,5 cm de largo, de base atenuándose en el peciolo. Flores blancuzcas, agrupadas en verticilos axilares multiflores. Cáliz tubiforme, con diez dientes cortos que terminan en espinitas en forma de gancho. Originaria de Europa. Cultivado en Venezuela (Chacín, 2000).

3. Mastranto morado o Juan de la Calle (*Leonurus sibiricus*)

Características fitotécnicas:

Planta aromática erecta poco ramificada, con tallos cuadrangulares, alcanzando de 0,5 a 1,5 metros de altura. Hojas opuestas pecioladas, profundamente partidas, flores moradas agrupadas en verticilos globosos, acompañado de hojas y brácteas. Especie pantrópica. Ampliamente distribuida en Venezuela desde el nivel del mar hasta unos 1600 metros. También frecuente en lugares no cultivados por el hombre (Chacín, 2000).

4. Mastranto o molinillo (*Leonotis nepetaefolia*)

Características fitotécnicas:

Hierba erguida de 0,6 a 2,0 metros de altura, generalmente no ramificada, de tallos cuadrangulares. Hojas simples opuestas y pecioladas. Flores agrupadas en verticilos distantes (4,5 cm) y sostenidas por brácteas rígidas espinosas. Corola de 2-2,5 cm de largo, amarillentas,
con pelos de color anaranjados. Especie pantrópica. Presente en Venezuela en lugares no cultivados y áridos (Chacín, 2000).

3 ACEITES ESENCIALES

Son cuerpos odoríferos de naturaleza oleosa que se obtienen casi exclusivamente de fuentes vegetales, son generalmente líquidos (algunas veces semisólidos o sólidos) a las temperaturas ordinarias y volátiles sin descomposición. Difieren en composición y en propiedades de los ácidos grasos o fijos, que se componen de glicéridos; y de los aceites minerales, que se componen de hidrocarburos. Deben su nombre a su carácter odorífero y/o sabor (Chacín, 2000).

3.1 COMPOSICIÓN QUÍMICA DE LOS ACEITES ESENCIALES

Los aceites esenciales son mezclas de varias sustancias químicas biosintetizadas por las plantas, que dan el aroma característico a algunas flores, árboles, frutos, hierbas, especias, semillas y a ciertos extractos de origen animal (almizcle, civeta, ámbar gris). Se trata de productos químicos intensamente aromáticos, no grasos, volátiles y livianos (poco densos). Son insolubles en agua, levemente solubles en vinagre, y solubles en alcohol, grasas, ceras y aceites vegetales (Chacín, 2000). Estos son antisépticos, pero cada uno tiene sus virtudes específicas, pueden ser analgésicos, fungicidas, diuréticos o expectorantes, entre otros (Martins *et al.* 2006). Por ejemplo, el aceite de lavanda (*Lavandula officinalis*) se usa para las heridas y quemaduras, y el aceite de jazmín (*Jasminum officinale*) se utiliza como relajante, el romero (*Rosmarinus officinalis*) es estimulante, el clavo (*Eugenia caryophyllata*) es calmante y alivia los dolores de muela (Egé, 1996).

La combinación de los componentes de cada uno de los aceites esenciales que actúan actúa conjuntamente para dar una característica dominante del aceite esencial extraído, su uso principal es en la perfumería. Están formados principalmente por terpenoides volátiles, formados por unidades de isopreno unidas en estructuras de 10 carbonos (monoterpenoides) y 15 carbonos (sesquiterpenoides) (Martins *et al.* 2006). Las sustancias responsables del olor suelen poseer en su estructura química grupos funcionales característicos: aldehídos, cetonas, ésteres, fenoles, óxidos, alcoholes y terpenos. Los fenoles y terpenos, los producen las plantas para defenderse de los animales herbívoros (Chacín, 2000).

4. ACEITE ESENCIAL DE MASTRANTO

El aceite del *Hyptis suaveolens* se ha estudiado en cuanto a su acción antiséptica, anti carcinogénica, antibacteriana, anti fúngica, larvicida contra el *Aedes aegypti*, anti convulsionante y plaguicida. Factores como condiciones ambientales, época de cosecha, condiciones de cultivo, el tipo de suelo y parte de la planta analizada pueden influenciar en el contenido de la composición química del aceite esencial (Martins *et al.* 2006). Varios quimio tipos se describen, incluyendo a la fenchona, limoneno, β-pineno, β-cariofileno, y el d-germacreno (Grassi at il. 2003). En la Figura 2 se observan algunos terpenos que se encuentran presentes en el aceite esencial de mastranto.

En la medicina tradicional venezolana según parteras, yerbateros, curanderos o iluminados en la región costera de Carabobo, Aragua y Vargas, en Barlovento, Yaracuy, El Callao (Bolívar) y la Península de Paria dan fe de que el mastranto (*Hyptis suaveolens)* preparado como infusión de la planta entera sirve para combatir la debilidad, este término muy general aplicable a pacientes que han sufrido de cansancio, malnutrición y anemia; por otro lado la infusión de solo las hojas disminuye la presión arterial (Pérez, 2011).

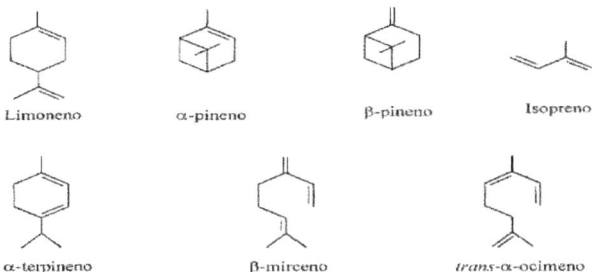

Figura 2. Algunos terpenos presentes en el aceite esencial de *Hyptis suaveolens*

Fuente: Pérez, 2011

5. MÉTODOS PARA LA OBTENCIÓN DE ACEITES ESENCIALES

Los aceites esenciales se pueden obtener por diferentes métodos tales como:
- Extracción por arrastre con vapor.

Es el método más utilizado. Se genera vapor normalmente en un hervidor y luego se inyecta al destilador por donde pasa a través del material vegetal. El principio básico de la destilación de dos líquidos heterogéneos, como el agua y un aceite esencial, es que cada uno ejerce su propia presión de vapor como si el otro componente estuviera ausente, cuando las presiones de vapor combinadas alcanzan la presión del recinto, la mezcla hierve. El vapor y el aceite esencial son condensados y separados (Domínguez, A., y Hernández, R., 2013). En la Figura 3 se puede observar el diagrama del proceso de extracción del aceite esencial por el método de arrastre con vapor. Los aceites esenciales producidos de esta forma son, frecuentemente, diferentes al aceite original encontrado en el material botánico en varios aspectos y suelen utilizarse en manufactura de pinturas, gomas y productos textiles. Algunos químicos, no volátiles en el vapor, quedan en el destilador, estos compuestos no volátiles se pierden en la destilación. Además el proceso en sí puede inducir cambios químicos, como la oxidación o hidrólisis (Delgado, F., y Oria, R., 2012).

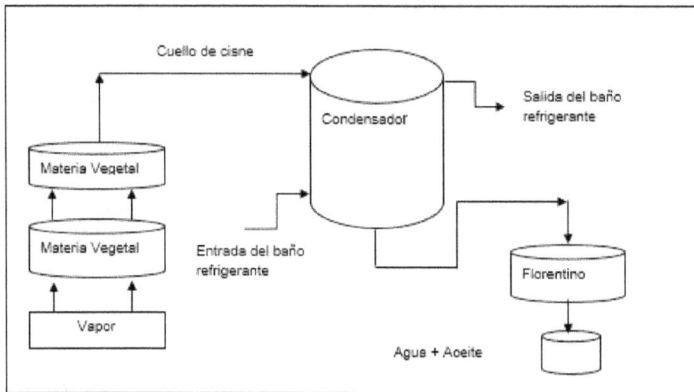

Figura 3. Diagrama de flujo del proceso de extracción del aceite esencial mediante arrastre con vapor.

- Extracción con grasa caliente y la enfloración en frío: son métodos antiguos que ya no se emplean. A pesar de la gran calidad del aceite esencial obtenido en el caso de la enfloración en frío, este método es muy laborioso, requiere mucha mano de obra y está ampliamente superado técnicamente, como se podrá apreciar en otros métodos que son alternativos (Pérez, 2011).

- Extracción con disolventes derivados del petróleo: este tipo de extracción es la principal alternativa actual a la destilación, compitiendo con esta en algunas ocasiones y aplicándose siempre en los aceites más sensibles al calor. Su inconveniente, además del mayor costo del equipo con relación a la destilación, radica en el empleo de disolventes tóxicos que son peligrosos e inflamables en su manejo y que pueden dejar trazas en el producto obtenido, alterando el aroma del aceite esencial (Pérez, 2011).

- Extracción con fluidos en condiciones supercríticas: es el desarrollo más reciente y poco a poco va siendo el proceso adoptado por industrias de nueva creación. Tiene la ventaja de no alterar la composición del aceite esencial ni dejar ningún resto de disolventes, pero como contrapartida presenta los inconvenientes derivados del alto costo del equipo necesario así como el costo de operación también elevado, debido al empleo de altas presiones y equipos con cierres herméticos para el trabajo de gases. Además, suele extraer componentes ajenos al aroma como pigmentos o ceras, que se incorporan al aceite esencial (Ortuño, 2006), por lo que hay que tener cuidado con los parámetros de presión y temperatura usados (Pérez, 2011).

6. ANÁLISIS DE LA COMPOSICIÓN DE LOS ACEITES ESENCIALES

En las últimas décadas, el desarrollo de técnicas instrumentales de análisis y su acoplamiento a sistemas informáticos y bases de datos, ha agilizado de forma notable la identificación de los componentes de las esencias; han contribuido especialmente a este cambio, el desarrollo de técnicas como:

• Técnicas cromatográficas de alta resolución, principalmente la cromatografía de gases con columnas capilares.
• Técnicas espectroscópicas, particularmente la espectrometría de masas (EM), la espectroscopia infrarroja (IR) y la espectroscopia de resonancia magnética nuclear (RMN).
• Sistemas cromatográficos acoplados a técnicas espectroscópicas, especialmente la cromatografía de gases acoplada a la espectrometría de masas (CG-EM) y la cromatografía de gases acoplada a la espectroscopia infrarroja (CG-FTIR)(Escobar, 2011).

CROMATOGRAFÍA

El aroma de una flor puede deberse a cientos de compuestos diferentes, es difícil para los fabricantes de perfumes imitar los aromas florales. Establecer las identidades y las cantidades relativas de los componentes de una fragancia en realidad fue imposible hasta el desarrollo de la cromatografía (Pérez, 2011).

La cromatografía es una técnica de separación muy versátil, donde la separación de mezclas en sus componentes se lleva a cabo de forma rápida, eficaz y confiable. Es un método físico de separación, en el cual los componentes a separar se distribuyen entre dos fases; una de esta fases constituye una capa estacionaria de gran área superficial, la otra es un fluido que eluye a través o a lo largo de la fase estacionaria (Underwood, 1989).

La cromatografía de gases consiste en la inyección de una muestra previamente volatilizada en la cabeza de una columna cromatográfica, generándose la elución, por el flujo de una fase móvil de un gas inerte, el cual no interactúa con las moléculas del analito (Chacín, 2000).

Existen dos tipos de columnas utilizadas en la cromatografía de gases: empaquetadas o de relleno, tubulares o capilares. Ambas tienen forma helicoidal para colocarlas dentro del horno. La inyección de la muestra se realiza a través de una membrana de silicona o goma, llamada septum. La muestra llega a una cámara donde se vaporiza, la cual está situada en la cabeza de la columna a una temperatura mayor de 50° que el componente menos volátil de la muestra. Se emplean diferentes tamaños de las muestras, para las columnas empacadas desde décimas de 1 a 20 µL, con columnas capilares 10^{-3} a 1 µL, para estos volúmenes es necesario usar un divisor de muestras, que la desecha y hace pasar a la columna una fracción de ella. Las columnas capilares (Figura 4), de silicona fundida, son muy frágiles, por lo que se recubren de poliimida, se debe proteger de fracturas durante el almacenamiento y guardar con los extremos sellados para prevenir la oxidación (Pérez, 2011).

La fase estacionaria puede ser un sólido o un líquido y la fase móvil puede ser un líquido o un gas. En todas las técnicas cromatográficas, los solutos que a separar migran a lo largo de la columna y, por supuesto, la separación se basan en las diferentes velocidades de migración de los diferentes solutos. Podemos pensar que la velocidad de migración de un soluto es el resultado de dos factores, uno que tiende a mover el soluto y el otro a retardarlo (Underwood, 1989).

Una vez que la fase móvil emerge de la columna entra a un detector; donde los componentes individuales registran unas señales que aparecen como una sucesión de picos por encima de la línea en el cromatograma. El tiempo de inyección y la aparición de picos se emplean para identificar el componente; mientras que el área debajo del pico representa la cantidad del mismo. El detector es la parte del cromatógrafo que se encarga de determinar cuándo ha salido el analito por el final de la columna (Maraday, P., y Rodríguez, J., 2007).

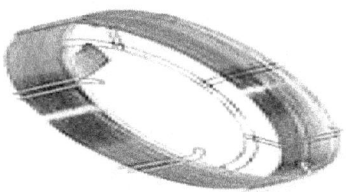

Figura 4. Columna capilar para la cromatografía gaseosa.

Fuente: Pérez, 2011

Los compuestos volátiles se separan, donde la fase móvil es un gas relativamente no reactivo como el helio, el nitrógeno o el hidrógeno. Aplicar esta técnica da como resultado un cromatograma, más que una serie de muestras arrastradas. El cromatograma muestra cuánto se arrastró cada soluto con solventes y las áreas de los picos señalan cuánto hay de cada componente. La identidad del soluto que produce cada pico puede determinarse al comparar su ubicación con una base de datos conocidos (Pérez, 2011).

El método más adecuado para la identificación de las sustancias volátiles es la cromatografía de gases acoplada a la espectrometría de masas (CG-EM); en ella la fase de espectrometría de masas utiliza el impacto electrónico para la fragmentación ya que las "bibliotecas" comerciales utilizadas en la identificación de los aceites esenciales están basadas en los datos obtenidos mediante ionización por impacto de electrones de alta energía (Marcano y Hasegawa, 2002). La GC-EM, produce un espectro de masa de cada componente al igual que su masa y ubicación en el cromatograma. Un haz de iones bombardea cada compuesto a medida que emerge del cromatógrafo. El compuesto se rompe en iones de diferente masa y proporciona una extensión de picos angostos en lugar de un valor máximo para cada compuesto, determinando la cantidad relativa de cada fragmento (Pérez, 2011). En la Figura 5 se observa los componentes del GC-EM.

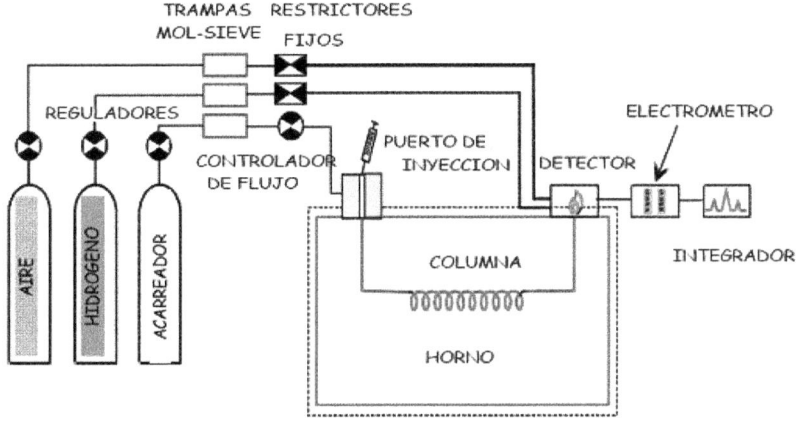

Figura 5. Cromatógrafo de gases con detector de masas (GC-EM)

Fuente: Marcano y Hasegawa, 2002

Referencias

CHACIN, J., MARQUINA, G. y FIGUEROA, Y. (2004). "Extraction of mastranto (*Hyptis suaveolens*) essential oil using supercritical carbon dioxide". Ponencia presentada en el *V Encontro Brasileiro de Fluidos Supercríticos*.

DAY, R., y UNDERWOOD, A., (1989). "Química analítica cuantitativa". Prince-Hall Hispanoamericana, S.A. Quinta edición. Páginas 588-618.

DELGADO, F., y ORIA, R., (2012). "Evaluación del aceite esencial del Limón Eureka obtenido por diferentes métodos". Universidad de Carabobo, Facultad de Ingeniería.

DOMÍNGUEZ, A., y HERNÁNDEZ, R., (2013). "Elaboración de un prototipo de perfume a partir del aceite esencial obtenido de la corteza de la naranja (*Citrus sinensis*)". Universidad de Carabobo, Facultad de Ingeniería.

ESCOBAR A., (2011). "Diseño y puesta en marcha de una planta piloto de arrastre con vapor para la obtención de aceites esenciales". Universidad de Carabobo, Facultad de Ingeniería.

MARCANO, D. y HASEGAWA, M. (2006). "Fitoquímica orgánica". Editorial Torino. Venezuela. Universidad Central de Venezuela. Página 261.

MARTINS, T., SANTOS, M., POLO, M. y ALMEIDA, L. (2006). "Variación en la química del aceite esencial de *Hyptis suaveolens* (L.) Poit., en condiciones de cultivo". Química Nova 29(6):1203-1209.

ORTUÑO, M. (2006). "Manual práctico de aceites esenciales, aromas y perfumes". Editorial Aiyana. Páginas 10, 15, 44-45, 125, 130-138.

PÉREZ, DEISY (2011). "Estudio de los componentes aromáticos de tres variedades de mastranto *(Hyptis suaveolens)* que crecen en el estado Yaracuy, Venezuela". Universidad de Carabobo, Facultad de Ingeniería.

Capítulo 2. Factibilidad Técnico-económica de Una Planta Piloto para la Obtención de Aceite Esencial de Mastranto (*Hyptis suaveolens*) por Diferentes Métodos: Extracción supercrítica e Hidrodestilación

Germania Marquina-Chidsey • Diego Tresinari • Juan Enrique Matute Lozada • Félix Manuel Quiroga Delgado • Bárbara Alcántara • Nohely Ostos • María Rodríguez • Julio Chacín

Resumen

El presente capitulo tiene como objetivo realizar un análisis de factibilidad técnico-económica de la instalación de una planta piloto para la extracción del aceite esencial de mastranto (*Hyptis suaveolens*). Inicialmente se determinan las condiciones de operación más adecuadas para la extracción del aceite por los procesos de extracción supercrítica e hidrodestilación, se realiza un estudio de mercado para obtener información acerca del mercado potencial del aceite esencial de mastranto (*Hyptis suaveolens*); se realiza un análisis de localización de la planta piloto entre cuatro distintos estados del país; se realiza el diseño del proceso a escala piloto en base a la información proveniente del estudio de mercado y la investigación de laboratorio, tomando en cuenta los dos tipos de extracción empleados, para luego realizar un estudio económico y de rentabilidad de los proyectos de inversión propuestos. Este estudio plantea la posibilidad de industrializar y comercializar un producto abundante y sub-utilizado del llano venezolano como lo es el mastranto (*Hyptis suaveolens*), generando además fuentes de empleo, tanto en la fase de recolección de la materia prima, como el personal necesario para la operación y mantenimiento de la planta piloto.

1. Introdución

Los aceites esenciales se pueden extraer de las muestras vegetales mediante varios métodos como son: expresión, destilación con vapor de agua, extracción con solventes volátiles, enfloración y con fluidos supercríticos. Cada método se aplica de acuerdo al material de la planta (tallo, hojas, flores, raíces, pericarpio) que se vaya a utilizar para obtener el aceite.

En la destilación por arrastre con vapor de agua (también conocida como hidrodestilación), la muestra vegetal generalmente fresca, es cortada en trozos pequeños, y es colocada en una cámara inerte, luego se le hace circular una corriente de vapor de agua sobrecalentado, que arrastra los volátiles correspondientes y los lleva hasta el refrigerante, donde al enfriarse se condensa y se separa el agua del aceite por densidad. Esta técnica es muy utilizada especialmente para esencias fluidas, sobre todo las utilizadas en perfumería. Se utiliza a nivel industrial debido a su alto rendimiento, a la pureza del aceite obtenido y porque no requiere tecnología sofisticada, pero a pesar de que este método es muy común, es también el que más daño puede causar al aceite, ya que puede inducir reacciones de oxidación, de hidrólisis y de polimerización (1).

Para extraerlos por arrastre de vapor, se debe contar con un equipo destilador de pequeñas dimensiones si se trata de una determinación experimental en laboratorio y de mayor tamaño si es una tarea a nivel industrial. Los destiladores constan de las siguientes partes: una fuente de calor que genera vapor, un recipiente para alojar la hierba, un colector del aceite esencial separado y un refrigerante para los vapores. En los laboratorios se utilizan balones de 1 y 5 litros, mientras que los equipos industriales pueden llegar a tener una capacidad de hasta 8000 ó 10000 litros en el recipiente para colocar la hierba. Si el aceite es menos denso queda en la superficie y si es mas denso que el agua, va al fondo y de esta manera es fácil separarlo (2).

Un fluido supercrítico es una sustancia que a temperaturas y presiones superiores a su temperatura y presión crítica, es similar a un gas, un fluido comprensible que toma la forma de su contenedor y lo llena. No es un líquido(un fluido incompresible que toma la forma del fondo del contenedor) pero tiene densidades entre 0.1 y 1 g/mL y poder disolvente similares a los de un líquido (3) (Ver figura 1).

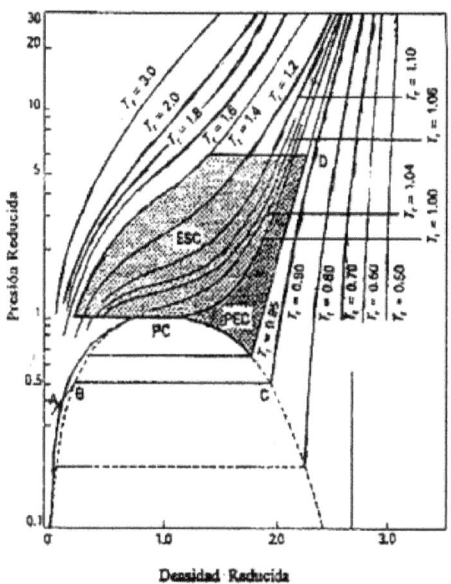

Figura 1 Diagrama generalizado de presión reducida – densidad reducida

El Punto Crítico es aquel por encima del cual ningún valor de la presión es bastante grande para producir licuación; lo conforman la temperatura crítica (Tc) y la presión crítica (Pc) donde la primera es la temperatura por encima de la cual una sustancia no puede existir en forma líquida. Por encima de la temperatura crítica no se producen cambios de fase cuando se aumenta la presión, y la presión crítica es aquella presión que producirá el licuado de un gas a la temperatura crítica.

Propiedades de los fluidos supercríticos

Densidad

Los fluidos en estado supercrítico presentan altas densidades, similares a las de los líquidos. Un aumento isotérmico de la presión en un fluido supercrítico, produce un acelerado crecimiento de la densidad, sin que se produzcan cambios de fase en el proceso (ver figura 1).

Viscosidad

En los fluidos supercríticos al igual que en los líquidos, la viscosidad disminuye en la medida que aumenta la temperatura. El aumento de la presión provoca aumento en la viscosidad del fluido (Figura 2).

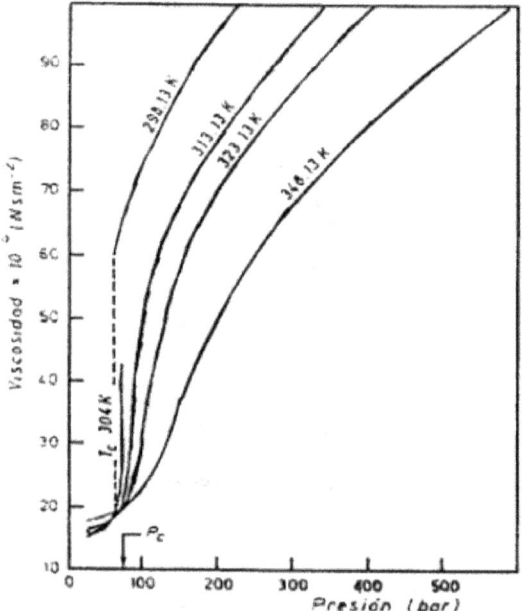

Figura 2 Isotermas de la viscosidad como una función de la presión

Coeficiente de difusión

El coeficiente de difusión de un soluto en un fluido supercrítico, es función de la temperatura, presión, viscosidad y densidad. Este aumenta en la medida que aumenta la temperatura, y disminuye proporcionalmente con el aumento de la presión, viscosidad y densidad. Un factor químico que tiene efecto sobre la difusión en un solvente supercrítico, es la estructura molecular del soluto (4).

Poder disolvente

El poder disolvente de un fluido supercrítico depende de su estado físico, determinado por la presión, temperatura y volumen. Así como también de su naturaleza química (polaridad, propiedades ácido-base, tendencias a la formación de puentes de hidrógeno). Dado que la presión y la temperatura son determinantes en el comportamiento de la densidad, difusividad y viscosidad; es de esperar que el poder disolvente esté condicionado por los cambios en estas propiedades.

Se han encontrado algunas tendencias que resultan válidas para generalizarlas como reglas para los fluidos supercríticos:

El poder disolvente de un fluido supercrítico aumenta con la densidad a una temperatura dada.

El poder disolvente de un fluido supercrítico aumenta con la temperatura a una densidad dada.

Características del CO_2 para extracción supercrítica

El dióxido de carbono (CO_2) presenta ciertas características que lo convierten en el disolvente más adecuado para la extracción supercrítica. Es completamente miscible con hidrocarburos de bajo peso molecular así como de compuestos orgánicos oxigenados, y es por tanto, un buen disolvente de muchos compuestos orgánicos.

Las solubilidades en CO_2 supercrítico, son función decreciente del peso molecular del soluto y de su polaridad. La solubilidad mutua con el agua es baja, y se puede por tanto utilizar como disolvente para extraer sustancias orgánicas de soluciones acuosas o de cualquier muestra que contenga mezclas de sustancias orgánicas y agua, tal es el caso de la materia vegetal. El CO_2 tiene una volatilidad muy alta con respecto a la de cualquier compuesto orgánico extraído, facilitando así su separación del extracto para recuperar el producto y recircular el CO_2. Su presión critica es 73,8 bar y su temperatura crítica es 31,1° C, lo que supone que los compuestos termolábiles no sufren transformaciones químicas en el proceso de extracción.

Posee propiedades fisicoquímicas favorables para la extracción y transporte. viscosidad baja, altos coeficientes de difusión, y estabilidad térmica. Su calor de vaporización es bajo, especialmente cerca del punto crítico, permitiendo reducir los costos energéticos en muchos procesos. No es tóxico ni inflamable y se encuentra fácilmente disponible (3).

El CO_2 supercrítico es un solvente relativamente poco polar; su poder de solvatación varía considerablemente con la densidad y a su vez esta puede ser controlada mediante cambios selectivos de presión y temperatura, controlando así la fuerza de elución del solvente. En muchos casos, sin embargo, el rango de poder de solvatación disponible a través de la variación de la densidad no es demasiado. En estos casos la adición de un pequeño porcentaje de un solvente polar tal como el metanol o acetonitrilo al CO_2 supercrítico puede modificar sus propiedades.

Extracción

La extracción de un componente A de una mezcla A,B se produce cuando el componente A se disuelve en el solvente. Si la mezcla es líquida se emplean dispositivos tales como columnas de relleno.

Las condiciones de extracción se pueden ajustar para lograr una separación selectiva de los componentes y estos se recolectan luego como gotas líquidas o partículas sólidas dependiendo de las condiciones en que se realice la separación. Generalmente en la industria el disolvente luego de ser separado del extracto se reajusta a las condiciones de extracción para ser recirculado al proceso compensando las posibles pérdidas de solvente existentes con una corriente de suministro (1).

Procesos de extracción de productos naturales con fluidos supercríticos

Los procesos para la extracción de productos naturales con disolventes supercríticos, a partir de un material sólido, emplean dos métodos diferentes para llevar a cabo su objetivo (3).

Método isotérmico

Este método consiste en provocar cambios de presión en el sistema a una temperatura constante modificando las propiedades de transporte de masa del fluido de extracción dejando que difunda en el sustrato por un determinado lapso de tiempo disolviendo así el soluto. La posterior separación del soluto y el solvente se produce expandiendo isotérmicamente el fluido rico en soluto en una unidad de separación.

Método isobárico

Este método consiste en provocar cambios de temperatura en el sistema a una presión constante modificando las propiedades de transporte de masa del fluido de extracción dejando que difunda en el sustrato por un determinado lapso de tiempo disolviendo así el soluto. La posterior separación del soluto y el solvente se produce refrigerando la corriente de salida del extractor en un intercambiador de calor, lo cual origina la precipitación del soluto (4).

Diseño experimental

Diseño factorial

Los diseños factoriales son ampliamente utilizados en experimentos en los que intervienen varios factores para estudiar el efecto conjunto de éstos sobre una respuesta. Existen varios casos especiales del diseño factorial general que resultan importantes porque se usan ampliamente en el trabajo de investigación, y porque constituyen la base para otros diseños de gran valor práctico. El mas importante de estos casos especiales ocurre cuando se tienen k factores, cada uno con dos niveles. Estos niveles pueden ser cuantitativos como seria el caso de dos valores de temperatura, presión o tiempo. También pueden ser cualitativos como seria el caso de dos maquinas, dos operadores, los niveles "superior" o "inferior" de un factor o quizás la ausencia o presencia de un factor. Una réplica completa de tal diseño requiere que se recopilen $2 \times 2 \times 2 \times 2 ... \times 2 = 2^k$ observaciones y se conoce como el diseño factorial 2^k (5).

El diseño 2^k es particularmente útil en las primeras fases del trabajo experimental, cuando es probable que haya muchos factores por investigar. Conlleva el menor número de corridas con las cuales puede estudiarse k factores en un diseño factorial completo. Debido a que solo hay dos niveles para cada factor, debe suponerse que la respuesta es lineal en el intervalo de los niveles elegidos de los factores.

Diseño factorial 2^3

Supongamos que se encuentran en estudio tres factores A, B y C, cada uno con dos niveles. Este diseño se conoce como diseño factorial 2^3, y presenta las ocho combinaciones de tratamientos posibles. Existen en realidad tres notaciones distintas que se usan ampliamente para las corridas o ejecuciones en el diseño 2^k. La primera es la notación "+,-", a menudo llamada "geométrica". La segunda consiste en el uso de letras minúsculas para identificar las combinaciones de tratamientos. En la tercera notación se utilizan los dígitos 1 y 0 para denotar los niveles alto y bajo del factor, respectivamente, en vez de los signos + y -. Existen siete grados de libertad entre las ocho combinaciones de tratamientos en el diseño 2^3. Tres de esos grados de libertad se asocian con los principales efectos de A, B y C. Cuatro se asocian con interacciones (AB, AC, BC, y ABC), uno para cada una.

Cromatografía

Es un método analítico empleado ampliamente en la separación identificación y determinación de los componentes químicos en mezclas complejas. Ningún otro método de separación es tan poderoso y con tantas aplicaciones. Es difícil definir con rigor al término cromatografía porque el concepto se ha aplicado a una gran variedad de sistemas y técnicas, sin embargo, todos estos métodos tienen en común el empleo de una fase estacionaria y una fase móvil. Los componentes de una mezcla son llevados a través de la fase estacionaria por el flujo de una fase móvil gaseosa o líquida. Las separaciones están basadas en las diferencias en la velocidad de migración entre los componentes de la muestra (6,7).

Estudio de mercado

Cualquier proyecto que se desee emprender, debe tener un estudio de mercado que le permita saber en qué medio habrá de moverse, pero sobre todo si las posibilidades de venta son reales y si los bienes o servicios podrán colocarse en las cantidades pensadas, de modo tal que se cumplan los propósitos del empresario (8).

Un estudio de mercado debe servir para tener una noción clara de la cantidad de consumidores que habrán de adquirir el bien o servicio que se piensa vender, dentro de un espacio definido, durante un período de mediano plazo y a qué precio están dispuestos a obtenerlo. Adicionalmente, el estudio de mercado va a indicar si las características y especificaciones del servicio o producto corresponden a las que desea comprar el cliente. Nos dirá igualmente qué tipo de clientes son los interesados en nuestros bienes, lo cual servirá para orientar la producción del negocio. Finalmente, el estudio de mercado nos dará la información acerca del precio apropiado para colocar nuestro bien o servicio y competir en el mercado, o bien imponer un nuevo precio por alguna razón justificada (8).

Por otra parte, cuando el estudio se hace como paso inicial de un propósito de inversión, ayuda a conocer el tamaño indicado del negocio por instalar, con las previsiones correspondientes para las ampliaciones posteriores, consecuentes del crecimiento esperado de la empresa.

Ahora bien, la manera de integrar un estudio de mercado puede hacerse con distintos medios documentales. Por una parte, es necesario recopilar información existente sobre el tema, desde el punto de vista del mercado. A esto se le llama información de fuentes secundarias y proviene, generalmente de instituciones abocadas a recopilar documentos, datos e información sobre cada uno de los sectores de su interés. Las Cámaras Industriales o de Comercio de cada ramo son las que reciben información directa de sus agremiados y publican informes y estadísticas sobre los sectores productivos de su competencia. A la par, órganos oficiales como el Instituto Nacional de Estadística, publican regularmente información estadística y estudios sobre diversos sectores de la economía en donde se puede obtener las características fundamentales de las ramas de interés para el inversionista potencial. Por otra parte, la información primaria es aquella investigada precisamente por el interesado o por personal contratado por él, y se obtiene mediante entrevistas o encuestas a los clientes potenciales o existentes o bien a través de la facturación. A través de un ordenamiento de preguntas debidamente encauzadas con el fin de abarcar una visión clara de algunos puntos precisos de su interés, se recibe una respuesta concreta sobre determinados temas que ayuden a conocer ciertas características indispensables de los bienes o servicios por vender.

Métodos de proyección

Los cambios futuros, no sólo de la demanda, sino también de la oferta y de los precios, pueden ser conocidos con exactitud si son usadas las técnicas estadísticas adecuadas para analizar el entorno aquí y ahora. Para ello se usan las llamadas series de tiempo, ya que lo que se desea observar es el comportamiento de un fenómeno con relación al tiempo Para calcular las tendencias de este tipo se puede usar el método gráfico.

Rentabilidad

La rentabilidad o factibilidad económica, es un modelo o indicador que permite conocer de manera anticipada el resultado global de la operación de un proyecto desde el punto de vista económico. Como todo indicador de eficiencia que relaciona los recursos utilizados en un proceso con la producción obtenida, en los modelos de rentabilidad se relacionan los recursos monetarios utilizados (costos) con las cantidades de dinero generadas (ingresos), con el objeto de cuantificar los potenciales beneficios o las pérdidas. Un aspecto importante al momento de determinar la rentabilidad es la vida del proyecto, que consiste en el período expresado en años para el cual se desea conocer la rentabilidad de la inversión de capital (9). La ingeniería económica utiliza, para determinar la rentabilidad de los proyectos de inversión los siguientes modelos:

El valor actual.

El equivalente anual.

La tasa interna de retorno.

Los cuales se emplean en el caso de proyectos cuyo objetivo es la maximización del beneficio para el inversionista.

Flujos monetarios y flujos monetarios netos

Un flujo monetario es todo costo o ingreso que ocurre como consecuencia del estudio, implantación y operación de un proyecto, por ejemplo, la inversión inicial los costos operacionales, los ingresos brutos, el impuesto sobre la renta, etc.

El flujo monetario neto es la suma algebraica de los flujos monetarios de un proyecto al final del año t.

Luego para un determinado proyecto de inversión, el flujo monetario neto para cualquier año t puede ser mayor, menor o igual que cero, por lo que si:

$F_t > 0$ Los ingresos en el año t, son mayores que los costos del mismo año, en este caso Ft representa una ganancia neta.

$F_t < 0$ los costos del año t, son mayores que los ingresos del mismo año, en este caso Ft representa una pérdida neta.

$F_t = 0$ en el año t, los ingresos y los costos son iguales.

Modelos de rentabilidad

Valor actual

El valor actual expresa la rentabilidad de un proyecto de inversión en forma de una cantidad de dinero en el presente, que es equivalente a los flujos monetarios netos del proyecto a una determinada tasa mínima de rendimiento. En otras palabras, el valor actual representa el beneficio o pérdida equivalente en el punto cero de la escala de tiempo.

En virtud de que el valor actual de un proyecto es función de los flujos monetarios netos, y a la vez, estos últimos dependen de los costos e ingresos asociados, entonces:

$VA(i) <=> 0$ Lo que quiere decir que si:

$VA(i) > 0$ los ingresos del proyecto superan los costos, incluyendo la tasa mínima de rendimiento, en una cantidad de dinero equivalente a la magnitud del valor actual. En este caso, el proyecto genera un beneficio superior al mínimo exigido.

VA (i) = 0 los ingresos y los costos del proyecto, incluyendo la tasa mínima de rendimiento son iguales, por lo que resulta indiferente invertir en el proyecto.

VA (i) < 0 los costos del proyecto, incluyendo la tasa mínima de rendimiento son superiores a los ingresos en una cantidad de dinero equivalente a la magnitud del valor actual. En este caso, el proyecto reporta una pérdida, es decir, no se logran cubrir todos los costos a ese valor de la tasa mínima de rendimiento.

Este significado de un resultado de valor actual de un proyecto implica que un proyecto es rentable si: VA (i) > 0

Esto quiere decir que para que un proyecto sea rentable los ingresos generados deben ser lo suficientemente grandes para recuperar todos los costos y el rendimiento mínimo exigido.

Equivalente anual

El equivalente anual es un modelo de características muy similares al valor actual por cuanto expresa la rentabilidad de un proyecto en forma de una serie anual uniforme que es equivalente a los flujos monetarios netos del proyecto a una determinada tasa mínima de rendimiento. En consecuencia, el equivalente anual representa el beneficio o la pérdida equivalente en forma de una serie anual uniforme. De una manera similar al valor actual; el equivalente anual de un proyecto puede resultar:

EA <=> 0

Por lo que, si:

EA (i) > 0 los ingresos del proyecto superan los costos, incluyendo la tasa mínima de rendimiento, en una cantidad igual al equivalente anual. En este caso, el proyecto genera una ganancia superior a la mínima exigida.

EA (i) = 0 los ingresos y los costos del proyecto, incluyendo la tasa mínima de rendimiento son iguales, por lo que resulta indiferente invertir en el proyecto.

EA (i) < 0 los ingresos del proyecto no son suficientes para cubrir los costos y la tasa mínima de rendimiento, por lo que el proyecto genera una pérdida igual al equivalente anual De acuerdo con esta interpretación un proyecto de inversión es rentable si:

EA (i) > 0, Por lo que un proyecto es rentable si los ingresos generados son lo suficientemente grandes como para cubrir todos los costos y la tasa mínima de rendimiento.

Tasa interna de retorno

La tasa interna de retorno de un proyecto expresa el beneficio neto anual que se obtiene en relación con la inversión pendiente por recuperar al comienzo de cada año. Esta relación beneficio neto anual sobre inversión pendiente, se suele expresar en tanto por ciento y representa el interés anual que genera la inversión.

La tasa interna de retorno se puede determinar planteando el modelo matemático que describe el valor actual e igualándolo a cero, resultando de esta manera una ecuación donde la incógnita representa la tasa interna de retorno, la cual se calcula mediante un proceso iterativo. Si la tasa interna de retorno es mayor a la tasa mínima de rendimiento el proyecto evaluado es considerado rentable, de ser igual resulta indiferente invertir en el proyecto.

2. Materiales y Métodos

Materia prima

La materia prima empleada en los procesos de extracción estuvo constituida por hojas de mastranto (*Hyptis suaveolens*) secas. Las plantas de mastranto (*Hyptis suaveolens*) fueron cortadas en la parte baja del tallo cuando estas tenían una altura aproximada de 1,40m y para el secado fueron trasladadas a un recinto seco donde no recibieran luz solar y fueron guindadas en un tubo desde el mismo tallo, este proceso tuvo una duración de 5 días, momento en el cual fueron cortadas las hojas del resto de las ramas y tallo. Dada la imposibilidad de obtener un tamaño uniforme para todas las partículas debido a la fragilidad de las hojas secas, estas se pulverizaron para realizar la extracción del aceite esencial con fluido supercrítico e hidrodestilación.

Extracción con fluidos supercríticos

La extracción con dióxido de carbono como solvente extractor se realizó en un equipo marca SPE-ED SFE Applied Separations, ubicado en el Centro de Investigaciones Químicas de la Universidad de Carabobo. Este equipo (Figura 3) está constituido por una bomba de COB 2B con una presión máxima de 690 bar con una válvula para regular la presión, un indicador digital y un manómetro para la medición de la presión de suministro del fluido y un baño de enfriamiento para regular la temperatura de la bomba. También posee un horno eléctrico con una temperatura máxima de 250 °C. En el interior del horno se encuentra un cilindro de acero inoxidable de 1 L de capacidad en donde es colocada la materia prima para la transferencia de masa con el dióxido de carbono.

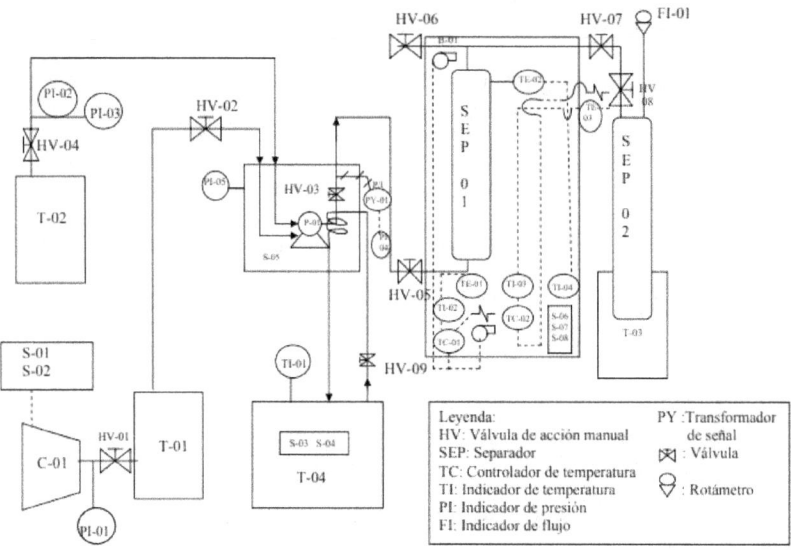

Figura 3. Diagrama de instrumentación y tuberías del equipo de extracción con CO_2 supercrítico

Extracción por hidrodestilación

La extracción por hidrodestilación se realizó en un equipo de destilación modificado, ubicado en el Centro de Investigaciones Químicas de la Universidad de Carabobo. Este equipo está constituido por un recipiente comercial con una capacidad de 6 litros, una columna de Clevenger, una rejilla metálica interior, un condensador, una plancha de calentamiento y accesorios para conexión (Figura 4).

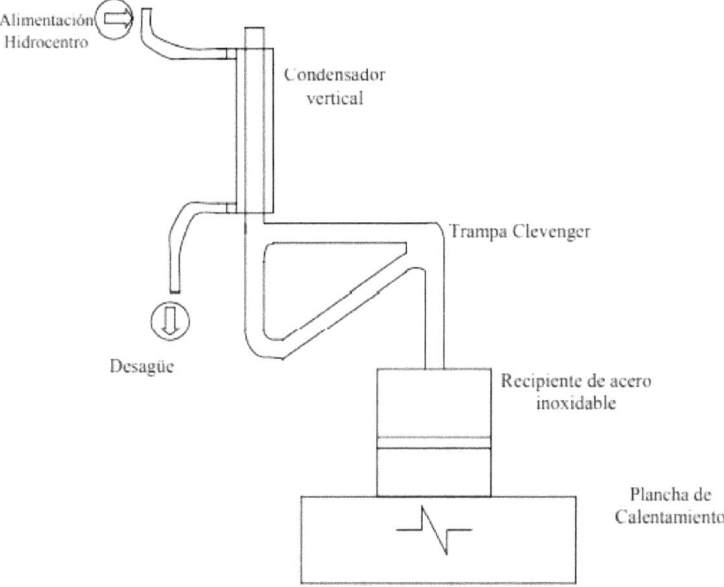

Figura 4 Diagrama de flujo del equipo de hidrodestilación

3. Resultados y Discusión

Analizando los resultados experimentales derivados del proceso de extracción supercrítica (Tabla 1) se puede observar que las variables que más influyen son la temperatura y el flujo de CO_2, así como la interacción entre estas (Figura 5).

Tabla 1 Rendimiento de las extracciones con CO_2 supercrítico del diseño experimental 2^3 del aceite esencial de mastranto (*Hyptis suaveolens*)

Número de experiencia	Flujo de CO_2 (Q ± 0,25) L/min	Tiempo Estático (E ± 0,02) Min	Temperatura (T ± 1) °C	Rendimiento (R ± 0,0001)%
1	3,00	15,00	35	0,1954
2	4,00	15,00	35	0,3192
3	3,00	30,00	35	0,2803
4	4,00	30,00	35	0,3390
5	3,00	15,00	45	0,2174
6	4,00	15,00	45	0,1404
7	3,00	30,00	45	0,1577
8	4,00	30,00	45	0,1855
9	3,00	15,00	35	0,1702
10	4,00	15,00	35	0,3051
11	3,00	30,00	35	0,2201
12	4,00	30,00	35	0,3610
13	3,00	15,00	45	0,2590
14	4,00	15,00	45	0,1570
15	3,00	30,00	45	0,1891
16	4,00	30,00	45	0,2160

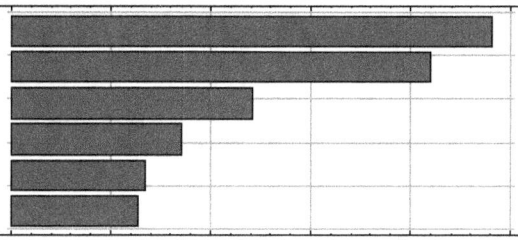

Figura 5 Diagrama de Pareto estandarizado para el rendimiento en la extracción supercrítica (Re nd = $-1,77863 + 0,558875\ Q + 0,00709\ E + 0,051475\ T + 0,00291 QE - 0,014565\ QT - 0,000393333\ ET$)

Esto se debe a que al disminuir la temperatura se incrementa la densidad permitiendo de esta manera que aumente el poder de solvatación del CO_2, dado que el tiempo de extracción no influye significativamente en la respuesta del sistema se decidió emplear el método de la máxima pendiente en ascenso para la determinación de las condiciones de extracción más adecuadas, empleando este criterio se generó un conjunto de predicciones mediante el programa STATGRAPHIC PLUS 2.0 (Tabla 2). Luego se realizó una comparación de los valores experimentales y los calculados por el programa donde se observó que, aunque experimentalmente los rendimientos resultaron ser mayores de lo esperado, el modelo matemático generado se ajusta bastante bien al comportamiento real del sistema presentando una desviación promedio de 4,61%.

Tabla 2 Predicciones del comportamiento del rendimiento a partir del modelo matemático del STATGRAPHICS PLUS

Variables			Rendimiento (R)%
Flujo de CO_2(Q) L/min	Tiempo estático(E) Min	Temperatura (T) (°C)	
3,5	22,5	40	0,2320
3,5	22,33	38	0,2483
3,5	24,16	37	0,2616
4	25	36	0,3269
4	25,76	34	0,3642

También es importante señalar que los rendimientos obtenidos en este trabajo, son superiores a los obtenidos en investigaciones previas (10) (Rendimiento = 0,31), notándose una diferencia de 17,5% ; esto se debe al incremento del grado de subdivisión de la materia prima, y el uso de material de relleno (metras) lo cual incrementa el área de transferencia de masa involucrada en el proceso.

En el caso del proceso de hidrodestilación los rendimientos son muy superiores respecto a la investigación señalada, atribuyéndose dicho incremento al mismo efecto de subdivisión a partículas mucho más pequeñas y al nuevo diseño en el equipo utilizado para este proceso, el cual se diferencia del empleado anteriormente en que no requiere reposición continua del agua para producir el vapor ya que la recircula constantemente luego de ser condensada, disminuyendo de esta manera el tiempo y el calor necesarios para la generación del vapor resultando de esta forma en un proceso de extracción más corto y de menor gasto de agua y calor. Igualmente influye sobre este rendimiento la menor cantidad de materia prima empleada para aumentar la cantidad de vapor circulante por unidad de volumen de materia prima y así disolver y arrastrar una mayor cantidad del aceite esencial.

Para el estudio preliminar de mercado, la recolección de la información primaria se realizó mediante un estudio comparativo tomando como referencia el aceite esencial de menta debido a la presencia de compuestos similares en ambos aceites (Mentol, Cariofileno y 1-8 Cineole), recolectando la información por medio de encuestas en lugares de alta circulación de personas (centros comerciales y galerías), mediante el método de detención directa y al azar, haciendo así la muestra lo más representativa posible de la población. Analizando los resultados obtenidos, expuestos en las Figuras 6 y 7, se puede ver que el aceite esencial de mastranto (*Hyptis suaveolens*) tuvo una mayor aceptación en la muestra seleccionada, situándose por encima del producto comercial de referencia (menta).

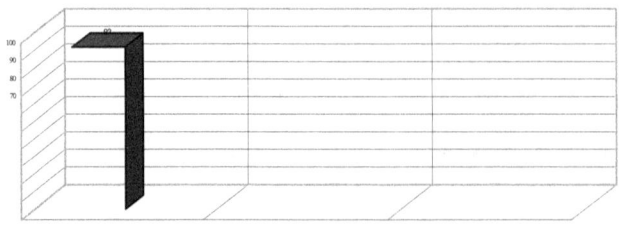

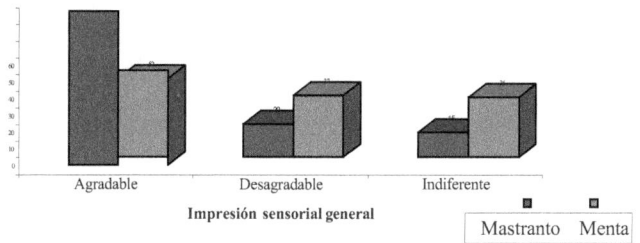

Figura 6 Impresión sensorial general de los encuestados acerca de los aceites esenciales de mastranto y menta

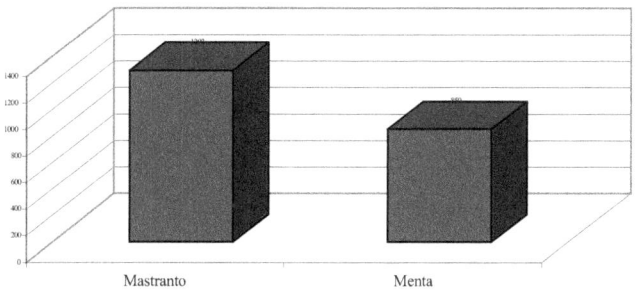

Figura 7 Calificación total obtenida por los aceites esenciales evaluados

La información sobre la sensación olfativa asociada al aceite de Mastranto tuvo como finalidad la orientación de los encuestados hacia la pregunta referida a los productos que de alguna manera preferirían presentaran dicha fragancia (Figura 8), donde se observa que la mayor preferencia se encuentra principalmente en productos de limpieza, aromaterapia, y jabones o detergentes (Figura 9).

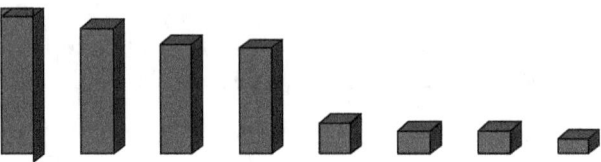

Figura 8 Sensación olfativa asociada al aceite esencial de mastranto

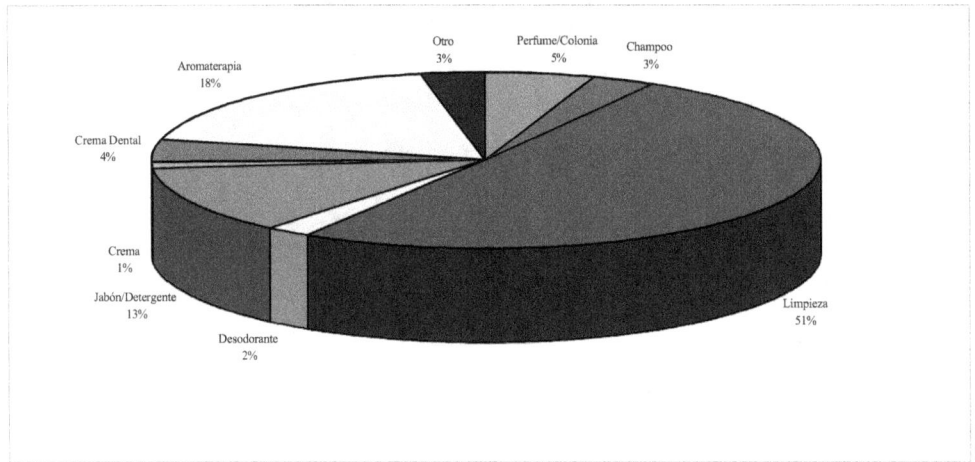

Figura 9 Producto asociado al aroma del aceite esencial de mastranto

De igual manera ante la pregunta de la intención de compra de dichos productos se obtuvieron los valores mostrados en la Tabla 3 los cuales solo ofrecen información hacia la tendencia de los entrevistados a adquirir el producto, para una mejor estimación de la intención real de compra se empleó un criterio de ponderación que muestra un aproximado al porcentaje verdadero de la población que estaría dispuesto a comprar el producto ofrecido dependiendo de la respuesta generada, y que en total representa a un 27,33 % del universo en estudio.

Tabla 3 Intención de compra de productos asociados al olor del aceite esencial de mastranto (*Hyptis suaveolens*) manifestada por los entrevistados

Posible Intención de Compra	Número de personas	Porcentaje (%)
Definitivamente lo compraria	20	15,87
Probablemente lo compraria	64	50,79
Podría Comprarlo o no	32	25,40
Probablemente no lo compraría	4	3,17
Definitivamente no lo Compraria	6	4,76

En el caso de la información secundaria recolectada a partir de anuarios estadísticos del Instituto Nacional de Estadística (INE) se determinó que el consumo histórico de aceite esencial de menta en Venezuela, es suplido totalmente por importaciones y cuyo volumen de importación se muestra en la Figura 10, lo cual indica que no existe producción del rubro en el país.

Dado el caso que la información primaria recolectada dio como resultado una mayor aceptación para el aceite esencial de mastranto (*Hyptis suaveolens*) como un producto nuevo que compita con el ya establecido aceite esencial de menta, se decidió aproximar el comportamiento del mercado del aceite esencial de mastranto (*Hyptis suaveolens*) al comportamiento histórico del mercado del aceite esencial de menta, dado que además se posee información sobre la intención real de compra para el producto emergente, se decidió tomar este porcentaje (27,33%) como la máxima cuota de mercado potencial a ser sustituido por el aceite esencial de mastranto (*Hyptis suaveolens*) (Figura 11).

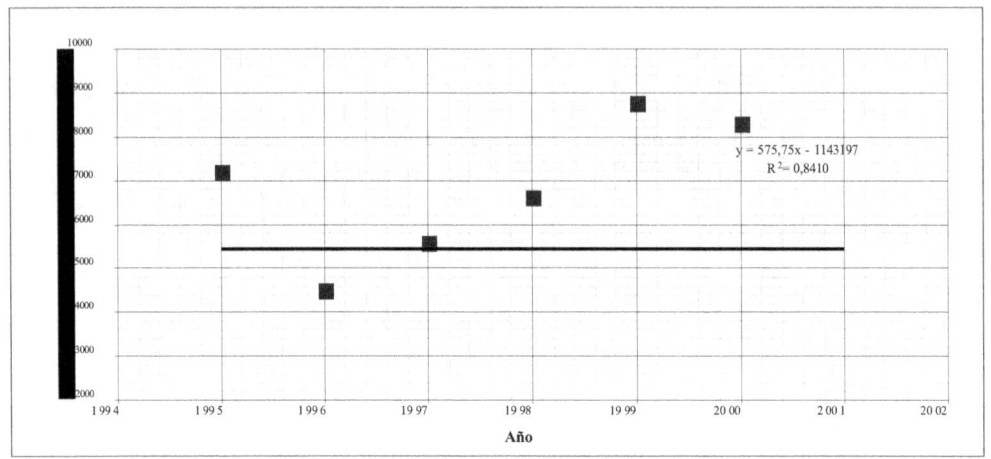

Figura 10 Comportamiento histórico de las importaciones de aceite esencial de menta

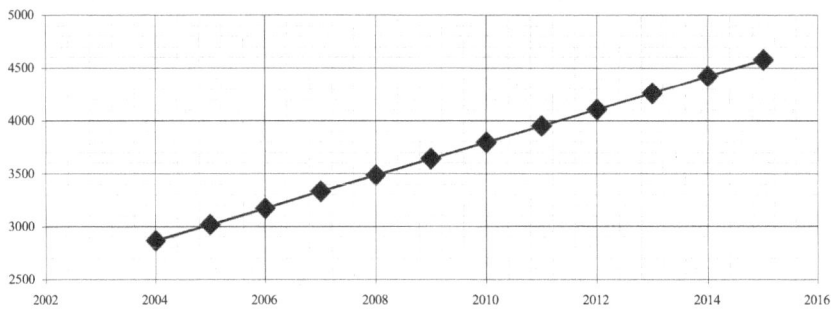

Figura 11 Cuota máxima de captación del mercado establecido del aceite esencial de menta

La ubicación de la planta piloto se realizó en dos etapas en las que en cada una se realizaron 2 matrices de decisión; la primera etapa fue un macroanálisis necesario para establecer el estado de Venezuela en el cual se instalaría la planta piloto y a partir de la segunda etapa (microanálisis) se realizó la escogencia de la localidad dentro de dicho estado. En las matrices de decisión se tomaron en cuenta los factores más predominantes para la ubicación de la planta y otorgándole a cada zona evaluada una puntuación comprendida en un rango entre 1 y 10, calificando las zonas de acuerdo a las ventajas comparativas que cada una de ellas ofrece en los diferentes factores evaluados; luego se realizó una ponderación de cada factor de acuerdo a la influencia que estos poseen en los costos operacionales de la planta; de esta manera se seleccionaron como los factores mas influyentes la disponibilidad de materia prima y la facilidad de distribución debido a que ambos se relacionan con los costos de transporte asociados al procesamiento de la materia y distribución del producto; pero debido a las características de rendimiento del proceso de extracción que implican el empleo de gran cantidad de mastranto (*Hyptis suaveolens*) para obtener cantidades pequeñas de su aceite esencial, se le da un mayor peso a la disponibilidad de la materia prima. Tomando en cuenta los criterios antes expuestos y verificando los resultados de la Tabla 4 se seleccionó al estado Cojedes como el más adecuado para la instalación de la planta y dentro de este estado a la localidad de Tinaquillo tal como puede observarse en la Tabla 5.

Tabla 4 Evaluación ponderada de los factores y posibles estados para la instalación de la planta piloto para la extracción de aceite esencial de mastranto (*Hyptis suaveolens*)

Factores	Porcentaje asignado	Ponderación obtenida por el estado			
		Aragua	Carabobo	Yaracuy	Cojedes
Disponibilidad de la materia prima	25	1,25	1,75	1,25	2,5
Facilidad de Acceso	10	1	1	1	1
Pago de impuestos municipales	10	0,7	0,7	0,5	0,7
Costos de Terrenos	10	0,7	0,7	0,8	1
Construcción	10	0,4	0,4	0,7	0,9

Confiabilidad y costos de Servicios	10	1	1	0,8	0,9
Costos de mano de obra	10	0,7	0,7	0,7	0,7
Facilidad de distribución	15	1,05	1,35	1,05	1,2
Totales	100	6,8	7,6	6,8	8,9

Tabla 5 Evaluación ponderada de los factores y posibles zonas para la instalación de la planta piloto para la extracción de aceite esencial de mastranto (*Hyptis suaveolens*)

Factores	Porcentaje asignado	Ponderación de las zonas a evaluar	
		San Carlos	Tinaquillo
Disponibilidad de la materia prima	25	2,5	2
Facilidad de acceso	10	1	1
Pago de impuestos	10	0,2	0,9
Costos de terrenos	10	1	1
Construcción	10	0,9	0,9
Servicios	10	0,5	0,5
Mano de obra	10	0,7	0,7
Facilidad de distribución	15	0,75	0,75
Totales	100	7,55	7,75

Para el establecimiento de la capacidad productiva de la planta se seleccionó un 5 % del mercado potencial de aceite esencial de menta a ser sustituido por el aceite esencial de mastranto (*Hyptis suaveolens*), específicamente el proveniente de Europa debido a las ventajas comparativas como lo son el clima y la ubicación, dando como resultado el volumen de producción expuesto en la Tabla 6; esta selección es motivada principalmente a las limitaciones operacionales de la planta piloto de extracción con CO_2 supercrítico, la cual operando según el plan de producción de la Tabla 7 apenas logra cumplir el volumen de producción propuesto en comparación con la planta de hidrodestilación que cumple con la cuota laborando a un tercio de su capacidad total, quedando disponible el resto del año para ser utilizada en la producción de cualquier aceite esencial requerido por el mercado.

Tabla 6 Mercado potencial por el aceite esencial de mastranto (*Hyptis suaveolens*) y capacidad productiva de la planta piloto

Año	Mercado potencial (kg)	Volumen de producción (kg)
2004	263,00	13,15
2005	277,28	13,86
2006	291,56	14,58
2007	305,83	15,29
2008	320,11	16,01
2009	334,39	16,72
2010	348,66	17,43
2011	362,94	18,15
2012	377,22	18,86
2013	391,50	19,57

Mercado potencial: 27 % de la menta importada de Europa.
Volumen de producción: 5% del mercado potencial.

Tabla 7 Plan de producción de la planta piloto para la extracción de aceite esencial de mastranto (*Hyptis suaveolens*)

Proceso	Días de trabajo anual	Cantidad de Turnos	Duración de los turnos de Trabajo (Horas)	Cantidad de empleados requeridos
Supercrítico	296	2	7	5
Hidrodestilación	96	1	7	3

Para el diseño de la planta se establecieron las operaciones mínimas requeridas para la producción del aceite esencial del mastranto (*Hyptis suaveolens*) mostradas en las Figura 12 donde además se puede observar la secuencia lógica de interconexión de los elementos del proceso tanto para la extracción con CO_2 supercrítico como hidrodestilación y las etapas adicionales requeridas por este último para la obtención final del aceite esencial, las cuales son necesarias para la separación del aceite obtenido del agua condensada.

Después se realizaron los balances de masa y energía para las extracciones a escala de laboratorio, para determinar de esta manera la relación de las cantidades requeridas de los componentes involucrados en las extracciones (Tabla 8); se hizo el escalamiento de dichas cantidades, manteniendo constante la relación diámetro / altura para los equipos seleccionados, y las proporciones de materia involucradas en los procesos de transferencia de masa, a partir de las cuales se realizaron nuevos balances de energía para determinar los requerimientos energéticos a escala piloto. La duración del proceso de extracción a escala de laboratorio y piloto se mantuvo constante, tomando como tiempo de ciclo la totalidad del tiempo de extracción incluyendo el tiempo de carga y descarga. (Tabla 9)

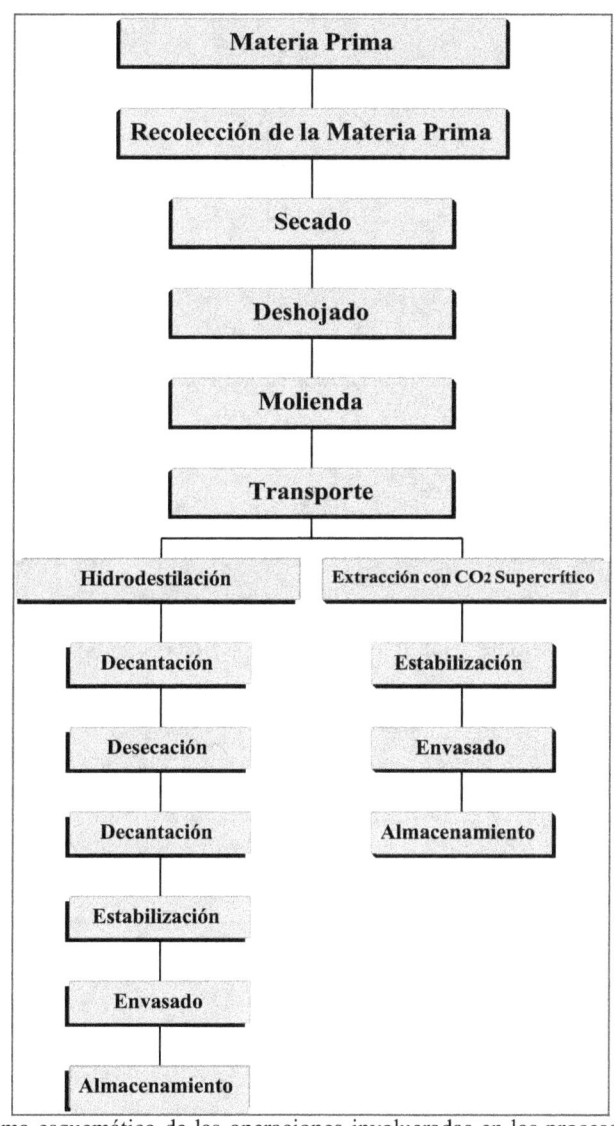

Figura 12 Diagrama esquemático de las operaciones involucradas en los procesos de extracción de la planta piloto

Tabla 8 Balances de masa de una extracción a escalas laboratorio y piloto para la extracción con CO_2 supercrítico e hidrodestilación

Proceso	Diseño	Cantidad de Mastranto (*Hyptis suaveolens*) empleado (kg)	Flujo de CO_2 empleado (g/min)	Vapor de agua necesario (kg/s)	Aceite a producir (g ± 0,0001)
Supercrítico	Aplied Separations (Laboratorio)	0,05	6,80	--	0,1821
	Thar AJM	1,00	136,00	--	3,6420
Hidrodestilación	Laboratorio	0,05	--	0,0023	0,2300
	Propio	3,00	--	0,1384	13,8000

Tabla 9 Duración de las etapas de operación para una extracción con CO_2 supercrítico e hidrodestilación

Proceso	Tiempo de carga y estabilización (t ± 1) min	Tiempo de Operación (t ± 1) min	Tiempo de descarga (t ± 1) min	Tiempo de ciclo (t ± 1) min
Supercrítico	3	40	2	45
Hidrodestilación	4	30	3	37

Según las características propias de los procesos y de los requerimientos establecidos por la capacidad de producción se evaluaron dos equipos para la extracción con CO_2 supercrítico, el modelo SFE2X5LF Sistem de la empresa Thar Technologies, Inc el cual posee un sistema de recirculación de CO_2 al 85 % y el diseño base de AJMUC considerando modificaciones en las dimensiones del cilindro extractor, y en el porcentaje de recirculación de CO_2, mientras que para el proceso de hidrodestilación se evaluó únicamente un equipo de diseño propio debido a su fácil diseño y a los elevados costos de los equipos comerciales, cuyos costos se exponen en la Tabla 10.

Tabla 10 Costo de los equipos principales para la extracción con CO_2 supercrítico e hidrodestilación

Proceso	Diseño	Costo ($)
Supercrítico	Thar	89000
	AJMUC	35000
Hidrodestilación	Propio	1000

Para la determinación de los costos de terreno y construcción se calcularon los precios promedios de estos por m² en la zona de Tinaquillo, previamente seleccionada para el establecimiento de la planta y se calculó el precio de una planta física con las dimensiones requeridas, obteniéndose un total de 7500$; adicionalmente en la Figura 13 se muestra la vista de planta y distribución propuesta para la planta piloto.

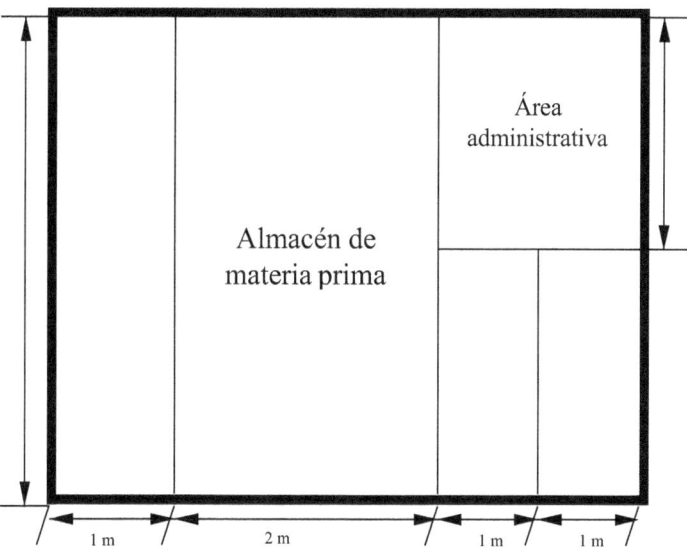

Figura 13 Vista de planta de la instalación física requerida para la instalación de la planta piloto

En el caso de la inversión inicial requerida para la ejecución de los diferentes proyectos evaluados se tomaron en cuenta el costo del capital fijo total y el del capital de trabajo; el primero está constituido por el costo de equipos, transporte y flete de equipos, instalación de equipos, edificación industrial y estudio de ingeniería mostrado en la Tabla 11, el capital de trabajo total también aparece en esta tabla y está representado por el dinero necesario para el inicio de operaciones considerando los gastos requeridos para un mes de funcionamiento.

Tabla 11 Costos relacionados con la inversión inicial para la instalación de la planta piloto para la extracción de aceite esencial de mastranto (*Hyptis suaveolens*)

Concepto/ Tecnología	Costos ($)		
	Thar	AJMUC	Hidrodestilación
Equipos	91225	37225	3163
Transporte y flete de equipos	4562	4562	159
Instalación de equipos	22806	21800	791
Edificación industrial	7500	7500	7500
Estudio de ingeniería	12203	6803	755
Capital Fijo total	139046	79646	13117
Capital de Trabajo	1965		
Inversión Inicial	141010	82610	15342

Para cada una de las propuestas se fijó una cuota de capital proveniente de financiamiento, y una cuota proveniente de capital propio (Tabla 12), en el caso del proceso de hidrodestilación se decidió aportar menos capital propio debido a que el valor de la inversión inicial era significativamente menor que en el caso de las tecnologías de fluidos supercríticos.

Tabla 12 Características del capital requerido para cubrir la inversión inicial de la planta piloto para la extracción del aceite esencial de mastranto (*Hyptis suaveolens*)

Tecnología		Inversión inicial ($)	Capital Propio estimado ($)	Financiamiento ($)
Supercrítico	Thar	141010	12500	128510
	AJMUC	82610	12500	70110
Hidrodestilación		15342	3069	12274

Luego tomando en consideración los valores de capital de financiamiento, se consideró un convenimiento de pago a 10 años para cada una de las opciones y cuyas condiciones de pago fueron de cuotas periódicas uniformes sin año de gracia ni año muerto y amortización de capital variable a una tasa del 15 % de interés, tal como puede observarse para cada una de las propuestas de inversión en las tablas.

Las Tablas 13, 14 y 15 muestran los flujos monetarios netos de cada tecnología considerando el tratamiento de la deuda en forma implícita, es decir, los necesarios para la determinación de la rentabilidad de la inversión del capital total que es la correspondiente tanto al capital proveniente de financiamiento como al capital propio invertido.

Tabla 13 Flujos monetarios asociados al estudio económico evaluando el empleo de la tecnología Thar y considerando el tratamiento de la deuda en forma implícita

Año	Ingresos brutos ($)	Costos operacionales ($)	ISR ($)	Capital fijo ($)	Capital de trabajo ($)	Valor residual ($)	Flujo monetario neto ($)
2003	0	0	0	139046	1965	0	-141010
2004	105201	35390	566	0	0	0	69244
2005	110912	36123	227	0	0	0	74561

2006	116622	36856	303	0	0	0	79463
2007	122333	37590	416	0	0	0	84328
2008	128044	38323	539	0	0	0	89182
2009	133755	39056	726	0	0	0	93973
2010	139466	39789	919	0	0	0	98758
2011	145177	40522	1120	0	0	0	103535
2012	150888	41255	1330	0	0	0	108302
2013	156598	41989	1551	0	1965	13905	128928

Tabla 14 Flujos monetarios asociados al estudio económico evaluando el empleo de la tecnología AJMUC y considerando el tratamiento de la deuda en forma implícita

Año	Ingresos brutos ($)	Costos operacionales ($)	ISR ($)	Capital fijo ($)	Capital de trabajo ($)	Valor residual ($)	Flujo monetario neto ($)
2003	0	0	0	79646	1965	0	-81610
2004	105201	35390	962	0	0	0	68849
2005	110912	36123	1116	0	0	0	73672
2006	116622	36856	1272	0	0	0	78494
2007	122333	37590	1431	0	0	0	83313
2008	128044	38323	1593	0	0	0	88129
2009	133755	39056	1758	0	0	0	92941
2010	139466	39789	1926	0	0	0	97750
2011	145177	40522	2099	0	0	0	102555
2012	150888	41255	2278	0	0	0	107354
2013	156598	41989	2462	0	1965	7965	122078

Tabla 15 Flujos monetarios asociados al estudio económico evaluando el empleo de la tecnología de

hidrodestilación de diseño propio y considerando el tratamiento de la deuda en forma implícita

Año	Ingresos brutos ($)	Costos operacionales ($)	ISR ($)	Capital fijo ($)	Capital de trabajo ($)	Valor residual ($)	Flujo monetario neto ($)
2003	0	0	0	13117	1965	0	-15342
2004	11178	8860	0,2	0	0	0	2317
2005	11784	9129	5	0	0	0	2650
2006	12391	9399	10	0	0	0	2982
2007	12998	9668	16	0	0	0	3314
2008	13605	9937	21	0	0	0	3646
2009	14211	10206	27	0	0	0	3978
2010	14818	10476	33	0	0	0	4310
2011	15425	10745	39	0	0	0	4641
2012	16032	11014	177	0	0	0	4841
2013	16639	11283	187	0	1965	917	7312

Estos flujos se requieren para la evaluación de la rentabilidad por modelos matemáticos (valor actual, equivalente anual y tasa interna de retorno) cuyos resultados son mostrados en la Tabla

16 para el tratamiento implícito y en la que se considera una tasa mínima de rendimiento correspondiente al costo de capital promedio. Dado todos estos resultados se puede decir que todos los proyectos tal como están concebidos en este estudio son rentables.

Tabla 16 Estudio de la rentabilidad del proceso de extracción empleando las diferentes tecnologías disponibles considerando tratamiento implícito de la deuda

Tecnología		Valor actual ($)	Equivalente anual ($)	Tasa interna de retorno (%)
Supercrítico	Thar	299771	59115	27
	AJMUC	356581	69854	35
Hidrodestilación		2886	562	19

Tasa mínima de rendimiento Thar: 14,73%

Tasa mínima de rendimiento AJMUC: 14,55 %

Tasa mínima de rendimiento hidrodestilación: 14,40 %

En el caso de la extracción por fluidos supercríticos se puede decir que la tecnología más adecuada es la de Thar (11) el cual a pesar de presentar índices de rentabilidad menores que el propuesto por Acosta y Mollegas (12) ofrece mayor confiabilidad ya que fue diseñado para operar durante períodos continuos de 24 horas y durante todo el año en comparación al equipo AJMUC que fue diseñado para operar a periodos de 15 horas para una cantidad significativamente menor de días (40 días al año). Para el proceso de hidrodestilación se observa que los indicadores de rentabilidad son relativamente menores que los de extracción con CO_2 supercrítico, sin embargo, es imperativo acotar que esta planta trabaja a un tercio de su capacidad total para el plan de producción señalado en la Tabla 7 lo cual permite aumentar la producción en el caso de ser requerido por el mercado a contrario del proceso con CO_2 supercrítico; además la inversión inicial resulta muy inferior a la necesaria para la implementación de la tecnología supercrítica.

En lo referente a la sensibilidad de precios de los aceites esenciales los cuales son mostrados en la Tabla 17 se observa que en el caso el aceite obtenido por hidrodestilación el precio mínimo de venta del producto para que se mantenga la rentabilidad debe estar por encima de 803 $/kg mientras que para el proceso por extracción supercrítica el precio mínimo debe estar por sobre 4001 $/kg. Para fines de comparación, también fue echo el tratamiento de la deuda de forma explícita, considerando directamente como flujos monetarios los ingresos y egresos ocasionados por concepto de la deuda, pero los resultados fueron similares.

Tabla 17 Análisis de la sensibilidad del valor actual con el precio unitario de venta del aceite esencial

Precio de venta del aceite extraído con CO_2 supercrítico ($/kg)	Valor actual Explícito ($)		Valor actual Implícito ($)		Precio de venta del aceite extraído por arrastre con vapor ($/kg)	Valor actual Explícito ($)	Valor actual Implícito ($)
	Thar	AJMUC	Thar	AJMUC			
4001	-45	61244	-2567	53333	803	-16	-780
4500	42325	103432	35159	91172	850	4046	2886
5000	84780	145705	72961	129088	900	8348	6770
5500	127234	187977	110763	167003	950	12651	10654
6000	169689	230250	148564	204919	1000	16953	14538
6500	212144	272522	186366	242835	1050	21256	18421
7000	254599	314795	224167	280750	1100	25558	22305
8000	339508	399340	299771	356581	1150	29861	26189
8500	381963	441612	337572	394497	1200	34163	30073

4. Conclusiones

Las condiciones mas adecuadas para llevar a cabo el proceso de extracción con CO_2 supercrítico son P=75 bar, T=34°C, Q= 4 L/min y Te=25 min.

El rendimiento para las condiciones mas adecuadas de extracción con CO_2 supercrítico es 0,3642%.

El rendimiento para el proceso de extracción del aceite esencial de mastranto (*Hyptis suaveolens*) mediante el arrastre con vapor de agua es 0,4600%.

La intención real de compra de un producto con fragancia a mastranto (*Hyptis suaveolens*) es de 27,33 %.

El mercado potencial del aceite esencial de mastranto es de 2864 kg en el primer año de producción.

La población de Tinaquillo, estado Cojedes, es el lugar más adecuado para la instalación de la planta piloto.

El volumen de producción de la planta piloto es del 5% del mercado potencial.

El equipo de hidrodestilación de diseño propio posee una capacidad de procesamiento de 3 kg de mastranto por carga.

El equipo para extracción con CO_2 supercrítico seleccionado fue el de Thar Technologies.

El equipo de extracción con CO_2 supercrítico seleccionado posee una capacidad de procesamiento de 1 kg de mastranto por carga.

El valor actual, equivalente anual y tasa interna de retorno de la planta piloto empleando la tecnología Thar y considerando la deuda en forma implícita son 299771 $, 59115 $, y 27 % respectivamente.

El valor actual, equivalente anual y tasa interna de retorno de la planta piloto empleando la tecnología de hidrodestilación de diseño propio y considerando la deuda de forma implícita son 2886

$, 562 $ y 19%.

Los precios mínimos de venta del aceite esencial de mastranto (*Hyptis suaveolens*) son 4001 $/kg y 803 $/kg por fluidos supercríticos e hidrodestilación, respectivamente.

Referencias

(1) **AUSTIN**, G. 1988. "Manual de Procesos Químicos en la Industria". Tomos I y II. Mc Graw Hill. Mexico.

(2) **INCROPERA**, F. 1999. "Fundamentos de transferencia de calor y masa" . Cuarta edición. Prentice Hall.

(3) **KING**, M. 1993. "Extraction of Natural Products Using Near Critical Solvents". Blackie Academic. Estados Unidos.

(4) **Mc HUGH**, M. Krukonis, B. 1986. "Supercritical fluids extraction principles and practice". Butterworth Publishers. Boston, Estados Unidos de América.

(5) **MONTGOMERY**, D.1993. " Diseño y análisis de experimentos''. Tercera edición. Wiley. Nueva York.

(6) **SKOOG**, D. 1997. "Química Analítica". Sexta edición. Mc Graw Hill. México.

(7) **BAUDI**, S. 1997. "Química de los Alimentos". Editorial Alhambra Mexicana. México. **BETANCOURT**, L. 1984. "Extracción, evaluación y aprovechamiento del aceite esencial de mastranto". Trabajo especial de grado no publicado. Universidad de Carabobo. Valencia, Venezuela.

(8) **POPE**, J. 2002. " Practical marketing research" . American Management Associations. Nueva York. Estados Unidos.

(9) **DE ALVARADO**, L. 2001. "Evaluación de Proyectos de Inversión". Universidad de Carabobo. Valencia, Venezuela.

(10) **CHACÍN**, J. 2000. "Estudio de la Extracción de Aceite Esencial de Mastranto". Trabajo especial de grado no publicado. Universidad de Carabobo. Valencia, Venezuela

(11) Thar technologies Inc. HTUhttp://www.thartech.comUTH

(12) **MOLLEGAS**, J. Acosta, A. 2003. "Factibilidad técnico-económica de la extracción del aceite esencial de la flor del jazmín café (murraya paniculata) utilizando dióxido de carbono (CO_2) en estado supercrítico". Trabajo especial de grado no publicado Universidad de Carabobo. Valencia. Venezuela.

Capítulo 3. Factibilidad Técnico-económica y Puesta en Marcha de una planta Tipo Banco para la Extracción de Aceite Esencial de Mastranto (*Hyptis suaveolens*) por Arrastre con Vapor

Germania Marquina-Chidsey • Diego Tresinari • Juan Enrique Matute Lozada • Félix Manuel Quiroga Delgado • Bárbara Alcántara • Nohely Ostos • María Rodríguez • Julio Chacín

Resumen

Este trabajo de investigación tiene como objetivo extraer el aceite esencial del mastranto que se encuentra en el municipio Libertador del Estado Carabobo por el método de arrastre con vapor de agua, seguidamente se identificaron mediante cromatografía de gas con detector de masas los componentes de la fracción más volátil del aceite esencial, luego se realizaron diversas propuestas para las mejoras del equipo de extracción para aumentar el rendimiento del aceite esencial y finalmente a estas propuestas de mejoras se le calcularon los costos con diferentes empresas relacionados con la venta y fabricación de equipos similares. El mastranto es utilizado desde tiempos ancestrales en diferentes áreas de la vida cotidiana rural, es una planta medicinal que actúa como tónico estomacal, cicatrizante de los tejidos estomacales, astringente, antiséptico, es también utilizada en la producción de repelente de insectos y biocida. Tiene un agradable aroma que se percibe en los lugares donde crece la planta.

1. Introdución

Los procesos de extracción de aceites esenciales se llevan a cabo a través de métodos convencionales de destilación con vapor o hidrodestilación; aunque la extracción con fluidos supercríticos genera mayores rendimientos por carga y menores costos operativos que la destilación por arrastre con vapor (Chacín,

2000).

Actualmente el aceite de mastranto (*Hyptis suaveolens*) se ha caracterizado en varias investigaciones para determinar sus propiedades, las cuales dependen de su composición química. Como por ejemplo en un estudio realizado en el municipio Cocorote del Estado Yaracuy-Venezuela, se encontró que sus hojas son utilizadas como remedios para las infecciones de la piel, mientras que en el municipio Sucre del mismo estado, se usa para ahuyentar la polilla de la ropa, (Pérez, 2011). Así como se utiliza en Guinea Bissau como repelente de mosquitos, (Grassi *et al.* 2003). El estudio se basa en la factibilidad tecno-económica y la puesta en marcha de una planta tipo banco para la extracción de aceite esencial de mastranto (*Hyptis suaveolens*), con el método destilación por arrastre con vapor de agua, para realizar la caracterización del aceite de las hojas de mastranto (*Hyptis suaveolens*), recolectadas en el Estado Carabobo-Venezuela.

La investigación está enfocada principalmente en el diseño experimental de la obtención del aceite esencial de las hojas de mastranto (*Hyptis suaveolens*) recolectadas en el municipio Libertador, sector Safari, en el Estado Carabobo-Venezuela utilizando el método de arrastre con vapor de agua, a través del estudio de las variables involucradas en el sistema para mejorar el rendimiento del proceso, así como la caracterización química del aceite esencial.

1.2　OBJETIVOS

1.2.1　Objetivo general

Estudiar la factibilidad técnico-económica de la puesta en marcha de una planta tipo banco para la extracción de aceite esencial de mastranto (*Hyptis suaveolens*) por arrastre con vapor.

1.2.2 Objetivos específicos

1. Recolectar las muestras de mastranto (*Hyptis suaveolens*), con el fin de acondicionarlas para el proceso de extracción.
2. Establecer el diseño experimental con la finalidad de determinar las condiciones de operación del sistema estudiado.
3. Poner en marcha una planta piloto tipo banco, ya existente, ubicada en el Laboratorio de Investigaciones Químicas (CIQ), para la extracción del aceite de las hojas de mastranto (*Hyptis suaveolens*), bajo las condiciones establecidas anteriormente.
4. Caracterizar los componentes aromáticos obtenidos de la extracción del aceite de mastranto (*Hyptis suaveolens*), con el propósito de cuantificarlos.
5. Proponer alternativas de mejoras a la planta tipo banco con el propósito de aumentar el rendimiento de la extracción.
6. Estimar los costos asociados a las modificaciones planteadas.

1.3 JUSTIFICACIÓN

El aprovechar los recursos naturales renovables del país, el cual posee un extraordinario potencial explotable, hace que esta investigación sea de gran importancia, ya que el estudio de los aceites esenciales como materias primas básicas para la industria se ha ido transformando en áreas de investigación y desarrollo más significativos para muchos países. El consumo de productos naturales en el mundo y el empleo de tecnologías amigables con el ambiente son agentes de desarrollo, por lo que esta investigación puede crear una contribución importante, por el aporte práctico que puede significar el empleo de esta experiencia para desarrollar la industria de producción de aceites esenciales.

Es primordial acentuar que durante la elaboración de la investigación se llevarán a cabo destrezas que permitan reforzar conocimientos y habilidades adquiridas a lo largo de la carrera universitaria, específicamente en las áreas de operaciones unitarias, analítica, diseño de procesos, entre otras; además de brindar una experiencia en el ámbito laboral e industrial.

De igual forma, esta investigación presenta un aporte metodológico ya que se establecerán las estrategias tecnológicas en la extracción de aceites esenciales, y además por la contribución hacia la comunidad científica, en el sentido de que este trabajo puede convertirse en un punto de referencia para próximos proyectos.

1.4 LIMITACIONES

En el desarrollo de la investigación se estudió el proceso de extracción del aceite esencial de mastranto, mediante la técnica de arrastre con vapor de agua y con un diseño experimental para determinar sus variables responsables en el rendimiento, las principales limitaciones para el correcto desarrollo de los objetivos planteados serian la dificultad en la adquisición de la materia prima y la disponibilidad de los equipos.

2. Materiales y Métodos

2.1 TIPO DE INVESTIGACIÓN

Para los objetivos trazados, y el logro de la investigación a realizar sea de manera exitosa y completa, es de tipo proyectiva debido a que durante el desarrollo de la misma se realizó un diseño experimental para la extracción del aceite esencial de las hojas de mastranto (*Hyptis suaveolens*), utilizando el arrastre con vapor, a partir del aceite obtenido se evaluaran las características del mismo. En cuanto a la estrategia de la investigación es de tipo experimental, ya que están involucradas variables que se manejaran a diferentes condiciones de operación, utilizando un diseño experimental tipo factorial. La herramienta que permitirá definir las condiciones favorables para la extracción del aceite esencial utilizando el arrastre con vapor (Domínguez, A., y Hernández, R., 2013).

2.2 DISEÑO DE LA INVESTIGACIÓN

La investigación se realizó en 6 fases, comenzando por la recolección de las muestras de las hojas de mastranto, luego se realizó el diseño experimental para conocer las mejores condiciones de operación del equipo de extracción, seguidamente la puesta en marcha de la planta banco. Posteriormente se realizó la caracterización del aceite por cromatografía de gases con espectrometría de masas (GC-EM). Se propusieron alternativas de mejoras a la planta banco y finalmente se calcularon los costos.

2.3 LUGAR DE LA INVESTIGACIÓN

El estudio se realizó en el Laboratorio de Extracciones del Centro de Investigaciones Químicas (CIQ) de la Facultad de Ingeniería. Las muestras fueron recolectadas del Municipio Libertador, sector Safari, Carabobo.

2.4 MATERIALES, EQUIPOS Y REACTIVOS

El equipo utilizado para la extracción de las hojas de aceite de mastranto *(Hyptis suaveolens)*, se encuentra ubicado en el Laboratorio de Extracciones del CIQ de la Facultad de Ingeniería de la Universidad de Carabobo (Figura 4). Este es un equipo que está constituido por un recipiente cilíndrico con una capacidad aproximada de 32 L, un cuello de cisne, una cesta metálica interior, un condensador, un vaso florentino y accesorios para conexión (Escobar, 2011). La materia prima utilizada fueron hojas del Mastranto previamente preparadas para la extracción (Chacín, 2000). En la Tabla 1 se muestran los materiales, equipos y reactivos utilizados en la investigación.

Tabla 1 Equipos, materiales y reactivos utilizados durante las extracciones del aceite esencial

Equipos	Materiales	Reactivos
Equipo de Arrastre con vapor	Hojas de secas de mastranto	Agua
Condensador	Gasas	$NaSO_4$
Baño refrigerante-circulante	Refrigerante	BHT
Florentino		
Frasco recolector		
Cromatógrafo de gases con espectro de masa (GC-EM)		

EQUIPOS

Figura 4. Equipo de extracción por arrastre con vapor.

Cromatógrafo de gases

El equipo utilizado fue un cromatógrafo de gases (CG), Modelo Agilent Technologies 7890A, equipado con un espectrómetro de masa (EM) selectivo 5975C VLMSD detector con triple Axis. El gas portador o gas de arrastre empleado fue helio de alta pureza con un flujo de 0,5 a 1 µL/min, modo de inyección sin división (split less). El equipo se encuentra ubicado en el Laboratorio del Centro de Investigaciones de Química en la Universidad de Carabobo, el cual se observa en la Figura 5.

Figura 5. Equipo Cromatógrafo de gases

En la Figura 6 se observa las hojas de mastranto seco a temperatura ambiente y bajo sombra.

MATERIA PRIMA

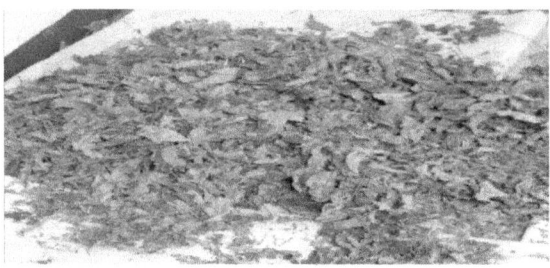

Figura 6. Mastranto seco.

REACTIVOS

- **Sulfato de Sodio anhídrido**

Cuando se realizó la extracción del aceite esencial del mastranto por arrastre con vapor, fue necesaria la adición de sulfato de sodio anhídrido (Na$_2$SO$_4$); esta es una sustancia incolora (Figura 7) que tiene una buena solubilidad en agua y mala solubilidad en compuestos orgánicos, lo que nos permitió retirar el remanente de agua luego de la decantación de la fase orgánica.

Figura 7. Sulfato de sodio anhídrido

- **Butil hidroxytolueno (BHT)**

El BHT (Figura 8) es un antioxidante sintético que se utilizó en las muestras de arrastre por vapor, se colocó un cristal en cada uno de los envases recolectores, lo que permitió conservar el aceite extraído para la realización de su estudio posterior.

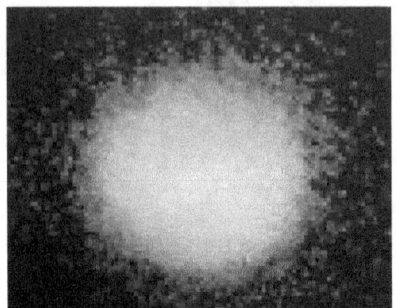

Figura 8. Butil hidroxytolueno

2.5 DESARROLLO DE LA INVESTIGACIÓN

2.5.1 Documentación bibliográfica

Antes de llevar a cabo los objetivos propuestos, se hizo necesaria la recolección de información a través de consultas bibliográficas en libros, revistas especializadas; así como en sitios de internet relacionados con el tema. En dicho estudio documental se abarcaron tópicos como definición, clasificación, tecnologías de extracción y composición de los aceites esenciales.

2.5.2 Clasificación, selección y establecimiento de los fundamentos teóricos

Después de la recolección de la información se procedió a la clasificación de la misma, separando las fuentes de acuerdo de donde provenían, es decir las de libros, revistas y/o sitios del internet. Además de esto se consideró de cada fuente de investigación la materia prima utilizada, objetivos, así como tecnologías empleadas; para luego distribuir la información en las distintas áreas que abarca el presente trabajo y evaluar los aportes de dichas fuentes.

2.5.3 Condiciones de operación del equipo para obtener la extracción del aceite esencial

Para la selección del diseño experimental se requirió de una investigación exhaustiva sobre la extracción con arrastre con vapor. En la investigación bibliográfica realizada sobre la extracción del aceite esencial de mastranto (*Hyptis suaveolens*), se encontró un estudio sobre las mejores condiciones de operación en un equipo de laboratorio para la extracción del aceite esencial usando el método de arrastre con vapor: 50 g de hojas secas de mastranto y 30 min de extracción contados a partir de la primera gota de vapor condensado (Matute y Quiroga, 2004). En estudios previos las mejores condiciones de operación fueron 50 g de hojas de mastranto seco, molidas en un rango de tamaño de [2-4] mm^2 y un tiempo de extracción de 30 min (Pérez, 2011).

De acuerdo a la consulta bibliográfica sobre los diseños experimentales, se utilizó el diseño experimental de tipo factorial, el cual se efectuó en dos niveles, donde se evaluaron dos (2) variables seleccionadas (cantidad de materia alimentada, tiempo de extracción), de este modo se tiene un diseño factorial de 2^2 para un total de 4 experimentos más un punto al centro con sus respectivas réplicas para un total de 10 experimentos. En la Tabla 2, se encuentra el diseño experimental.

Tabla 2 Diseño experimental 2^2 para el proceso de extracción de arrastre con vapor

Bloque	Tiempo de extracción (t)	Cantidad de materia alimentada (g)
1	-1	-1
1	-1	+1
1	+1	-1
1	+1	+1
2	-1	-1
2	-1	+1

	+1	-1
	+1	+1
Punto al centro	0	0
	0	0

Tabla 3 Niveles de las variables de operación en la extracción de arrastre con vapor

Nivel	Tiempo de extracción (min)	Cantidad de materia alimentada (g)
-1	50	300
+1	60	400
0	55	350

2.6 PARTE EXPERIMENTAL

- **PREPARACIÓN DE LA MUESTRA**

RECOLECCIÓN DE LAS HOJAS DE *HYPTIS SUAVEOLENS*. Las hojas empleadas en el proceso de extracción, fueron recolectadas en el Municipio Libertador en el sector de Safari Carabobo del estado Carabobo, en el mes junio y julio del año 2015. La recolección se realizó tomando nota de clima y tipo de relieve, suelo del municipio, junto a su abundancia y frecuencia, esto permite conocer los perfiles ecológicos y las zonas posibles o idóneas de su cultivo (Muñoz, 2009).

SELECCIÓN DE LAS HOJAS DE *HYPTIS SUAVEOLENS*. Para la pre selección de las hojas de *Hyptis suaveolens,* se realizó una recopilación de información referente a las posibles áreas donde crece el mastranto en el Estado Carabobo.

TRATAMIENTO DE LA MATERIA PRIMA. Las hojas recolectadas, fueron trasladadas al Laboratorio de Extracciones del CIQ de la Facultad de Ingeniería de la Universidad de Carabobo, donde se colocaron en un lugar seco a temperatura ambiente y bajo techo durante 8 días, en el proceso de secado se mueven las hojas diariamente para evitar la formación de hongos.

DETERMINAR EL TAMAÑO DE LA HOJAS DE *HYPTIS SUAVEOLENS*. Debido a la dificultad para obtener un tamaño uniforme para todas las partículas debido a la fragilidad de las hojas secas, estas se pulverizaron y se tamizaron para obtener un tamaño de partícula no superior a 10 mm^2 y mayor a 4 mm^2 para realizar la extracción del aceite esencial con arrastre con vapor.

- **MÉTODO OPERACIONAL**

En primer lugar se encendió el baño refrigerante – circulante hasta obtener una temperatura inferior a los 0º C, simultáneamente se agregaron aproximadamente 7 L de agua al recipiente de acero inoxidable, garantizando que la resistencia de calentamiento quede sumergida en el agua, se introdujo la cesta metálica en el recipiente luego se colocan las rejillas metálicas dentro de la cesta metálica, cada una con gasa, en la cual se colocó la muestra ya preparada y pesada, se cerró el recipiente de acero inoxidable (Escobar, 2011). Una vez cerrado herméticamente se acopló el cuello de cisne que a su vez está conectado al condensador vertical, este condensador estaba acoplado por mangueras de entrada y salida con el baño refrigerante-circulante. Se ajustó con pinzas el vaso florentino, de tal manera que soporte el peso de la mezcla agua-aceite (Escobar, 2011). En la Figura 9 se observa el diagrama del equipo arrastre con vapor.

Después de realizado el montaje, se procedió a encender el equipo para el calentamiento del agua que generará el vapor, una vez iniciada la condensación y pasado el tiempo de extracción establecido en el diseño experimental, se dejó reposar durante 10 min la mezcla agua-aceite recolectada en el vaso florentino para que ocurriera la separación del agua con el aceite. Se descarga por la válvula de descarga del vaso florentino gota a gota, para asegurar que el aceite esencial no se quede adherido en la superficie del vaso recolector. La parte orgánica, se introdujo en un envase recolector donde se le añadió sulfato de sodio anhídrido para eliminar el remanente de agua que quedó luego de la decantación, el aceite extraído fue trasvasado a un envase que ya había sido pre-pesado, y contenía un cristal de butil hidroxitolueno para evitar la oxidación del mismo, finalmente fue pesado el envase recolector con el aceite (Pérez, 2011; Escobar, 2011).

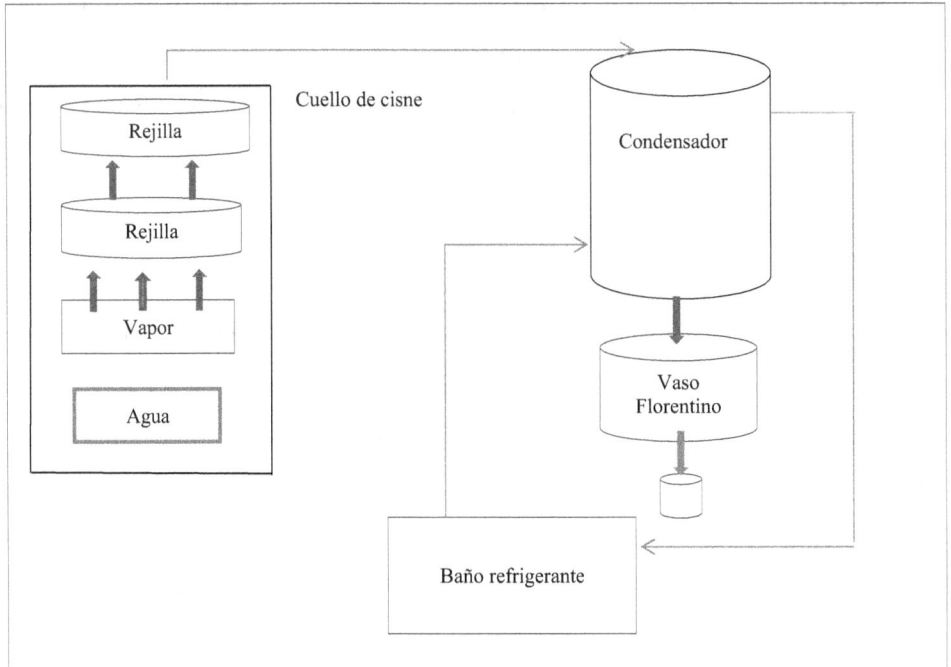

Figura 9. Diagrama del equipo de arrastre con vapor

2.7 DETERMINACIÓN DEL RENDIMIENTO DEL ACEITE ESENCIAL EXTRAÍDO

Es importante conocer el rendimiento de cada una de las extracciones, para ello se aplica la siguiente ecuación que relaciona la masa de las hojas alimentadas al proceso y la masa de aceite que se obtiene del mismo

(Himmelblau D., 2002).

$$R = \frac{m_{Eac} - m_{Ev}}{m_m} * 100$$

Dónde:

R: porcentaje de rendimiento de la extracción (%)

m_{Eac}: masa del envase recolector con aceite esencial (g).

m_{Ev}: masa del envase vacío (g).

m_m: masa de la muestra (g).

2.8 ANÁLISIS ESTADÍSTICOS OBTENIDOS A TRAVÉS DEL DISEÑO EXPERIMENTAL

Luego de realizar los 10 experimentos correspondientes al diseño factorial 2^2 (Tabla 2) se procede a analizar dichos datos, esto mediante una herramienta estadística la cual realiza un análisis de varianza (ANOVA), que determina la influencia de dos variables estudiadas independientes y combinadas, para ello se analizan los gráficos estadísticos que este genera, donde se aprecian los aspectos que influyen en el rendimiento de la extracción, dando a conocer las variables más influyentes en el proceso de extracción.

2.9 DETERMINACIÓN DE LAS MEJORES CONDICIONES DE OPERACIÓN PARA LA EXTRACCIÓN CON ARRASTRE POR VAPOR

Una vez conocidas las variables más influyentes en el proceso de extracción del aceite esencial de mastranto, se utilizó el método estadístico de superficie de respuesta usando Statgraphics Centurion XVI.III de libre descarga, con la finalidad de obtener los valores donde el rendimiento de la extracción es óptimo, involucrando las variables más influyentes en tres niveles: uno bajo, un punto central y uno alto, lo que implica un total de 10 experimentos. Se seleccionaron los niveles tomando en cuenta el rendimiento obtenido para las dos variables más influyentes, introducidas en la ecuación de rendimiento generada por el programa de análisis del diseño 22 (Delgado y Oria, 2012). Luego de obtener los rendimientos teóricos, se seleccionaron los tres niveles (alto, medio, bajo) donde las variables se hacían mayores. De este modo se encontraron las mejores condiciones de operación para el proceso de extracción, comparando los rendimientos teóricos obtenidos a través del programa con los rendimientos experimentales.

2.10 EXTRACCIÓN DEL ACEITE ESENCIAL DEL MASTRANTO MEDIANTE ARRASTRE POR VAPOR

Se realizó la extracción del aceite esencial de mastranto tomando en cuenta las mejores condiciones de operación obtenidas a través del análisis estadístico.

2.11 CARACTERIZACIÓN DEL ACEITE OBTENIDO DE *HYPTIS SUAVEOLENS*

El aceite esencial extraído por el método de arrastre con vapor de agua en la planta escala tipo banco, fue sometido a análisis del cromatógrafo (GC-EM) en las instalaciones del Centro de Investigaciones Químicas (CIQ), para poder determinar el perfil del aceite esencial extraído de las hojas de mastranto *(Hyptis suaveolens)* recolectadas. En la cromatografía se empleó una columna Hp-5MS de 30 metros de longitud, 0,25 mm de diámetro interno y un espesor de película de 0,25μm. La rampa de temperatura varió desde 50°C por 2 min, luego aumento 7°C por minuto hasta llegar a 80°C ahí la temperatura se detuvo por 3 min, después aumento 8°C por minuto hasta 120°C por 5min, luego aumento 8°C por minuto hasta 180°C por 7min, deteniéndose a los 33,8 minutos.

3. Resultados y Discusión

3.1 Recolección de las muestras de mastranto

La recolección de las hojas se llevó a cabo los meses de junio y julio que es cuando está lloviendo en el área, el mastranto crece y tiene el tamaño de las hojas adecuadas para la extracción del aceite esencial, en los meses de noviembre, diciembre y enero es la floración del mastranto.

3.2 Condiciones de operación del sistema estudiado

Para establecer las condiciones de operación se efectuaron una serie de pruebas preliminares, que llevaron a establecer el diseño experimental. La primera condición de operación estudiada, fue la cantidad de carga en el equipo de arrastre con vapor, para lo cual se probó con 300, 400, 600 y 900 gramos, estas extracciones se realizaron con tiempos de (1) una hora cada una y se obtuvo un mejor rendimiento con 300 y 400 gramos, tal como se observa en los resultados reportados en la Tabla 4.

Tabla 4. Porcentaje de extracción en función a la cantidad de carga alimentada al equipo de arrastre con vapor

Masa alimentada $(m_m \pm 0{,}001)$g	Masa extraída $(m_{Eac} \pm 0{,}001)$g	Porcentaje de extracción, Rendimiento $(R \pm 0{,}0001)\%$
300,000	0,322	0,1086
400,000	0,632	0,1580

600,000	0,495	0,0825
900,000	0,038	0,0042

La segunda condición de operación estudiada, fue el tiempo de extracción en el equipo de arrastre con vapor, mientras mayor es el tiempo de extracción mayor es la cantidad de sustancias que se evaporan (Chacín, 2000). Se estableció un tiempo de extracción durante 50 y 60 min, el cual garantiza un buen rendimiento para las condiciones de operación del sistema, ya que la alta volatilidad del aceite esencial de mastranto (*Hyptis suaveolens*) provocaría pérdida de aceite esencial y disminución del rendimiento (Matute y Quiroga, 2004).

La tercera condición de operación estudiada fue el tamaño de las hojas de mastranto debido a que estas son muy frágiles. En pruebas preliminares se determinó que si la extracción es con el tamaño real de la hoja, el rendimiento de la extracción es casi nulo debido a la poca superficie de contacto del vapor con la hoja, de manera similar sucede con el rendimiento cuando el tamaño es de 0,3 mm^2, ya que el aglomeramiento del material vegetal, impide el paso del vapor de arrastre. Cuando el tamaño de las partículas de las hojas es mixto el rendimiento de la extracción es favorable.

En base a las experiencias realizadas se determinó que las condiciones mejores de operación del proceso son 300 y 400 g de hojas secas de mastranto, en un tiempo de extracción entre 50 y 60 min con un tamaño mixto del material vegetal. Se toma un puño (lo que cabe en la mano) de mastranto se mete en la licuadora y se licúa 3 veces por 4 segundos, para dar así con el tamaño mixto aproximado de 10 mm^2.

Los diseños factoriales son los más adecuados y eficientes para llevar a cabo el estudio de los efectos producidos por dos o más factores sobre una función respuesta. Mediante el diseño factorial se investigan todas las posibles combinaciones de los niveles de los factores en un número determinado de ensayos con sus réplicas (Montgomery, 1996). El diseño factorial establecido es de 2^2, que establece las mejores condiciones de operación para la planta tipo banco para la extracción del aceite esencial de mastranto con dos niveles: (+1) alto y (-1) bajo. Las variables a estudiar son tiempo y carga, cada una en combinación con los diferentes niveles.

3.3 Puesta en marcha de la planta tipo banco bajo las condiciones establecidas anteriormente

Con las condiciones de operación anteriormente establecidas, se puso en funcionamiento la planta tipo banco, en la Tabla 5 se muestran los resultados obtenidos en la extracción del aceite esencial.

Tabla 5 Rendimiento de las extracciones del aceite esencial de mastranto, según el diseño experimental establecido

Bloque	Tratamiento	Carga $(m_m \pm 0{,}001)g$	Tiempo $(t \pm 0{,}1)min$	Rendimiento $(R \pm 0{,}0001)\%$
1	1	300,000	50,0	0,1050
	2	400,000	50,0	0,1678
	3	300,000	60,0	0,1196
	4	400,000	60,0	0,1107
2	5	300,000	50,0	0,1062
	6	400,000	50,0	0,1570
	7	300,000	60,0	0,1073
	8	400,000	60,0	0,1103
Punto al Centro	9	350,000	55,0	0,1010
	10	350,000	55,0	0,1080

Con los resultados obtenidos de la extracción del aceite esencial, se puede evidenciar que los rendimientos alcanzados presentan poca desviación entre sí, esto indica que la proporción de productos aromatizantes se mantuvo regularmente en la misma proporción durante todo el periodo de estudio. Comparando el mejor rendimiento obtenido en la extracción del aceite esencial vemos que es de 0,1678% es similar al reportado por Pérez (2011) con un rendimiento de 0,1650% perteneciente al municipio Cocorote.

El butil hidroxytolueno ejerce un papel fundamental en el tiempo de vida del aceite esencial, debido a que el actúa como antioxidante (Ortuño, 2006). Al agregar este reactivo al aceite obtenido por medio de la extracción se evita la oxidación de los terpenos presentes, que normalmente se oxidan por el oxígeno atmosférico. Es por esto que los aceites esenciales se almacenan refrigerados en un ambiente en ausencia de luz.

Como los resultados de los rendimientos no cumplen con la probabilidad normal se hace la transformación inversa del rendimiento para que se ajuste, como se observan en la Tabla 6. La importancia de la distribución normal radica en que permite modelar numerosos fenómenos naturales, por la enorme cantidad de variables incontrolables que intervienen, el modelo se puede justificar asumiendo que cada observación se obtiene como la suma de unas pocas causas independientes. En el análisis de varianza se verifica el cumplimiento de los supuestos, ya que el análisis de varianza busca probar que el modelo lineal propuesto efectivamente describe el comportamiento de la respuesta observada (Montgomery, 1996). Los supuestos a comprobar son varianza constante, normalidad e independencia.

Tabla 6 Transformación inversa del rendimiento para las extracciones del aceite esencial de mastranto

Tratamiento	Carga (g)	Tiempo (min)	Inverso del rendimiento
1	-1	-1	9,5238
2	1	-1	5,9594
3	-1	1	8,3612
4	1	1	9,0334
5	-1	-1	9,4161

6	1	-1	6,3694
7	-1	1	9,3196
8	1	1	9,0661
9	0	0	9,9009
10	0	0	9,2592

En las Figuras 10 y 11 se observa que los puntos están ubicados aleatoriamente en sentido vertical sobre la banda horizontal por lo cual se puede decir que se cumple la hipótesis de homocedasticidad cumpliéndose que la varianza es igual para todas las extracciones y ende el cumplimiento de este supuesto.

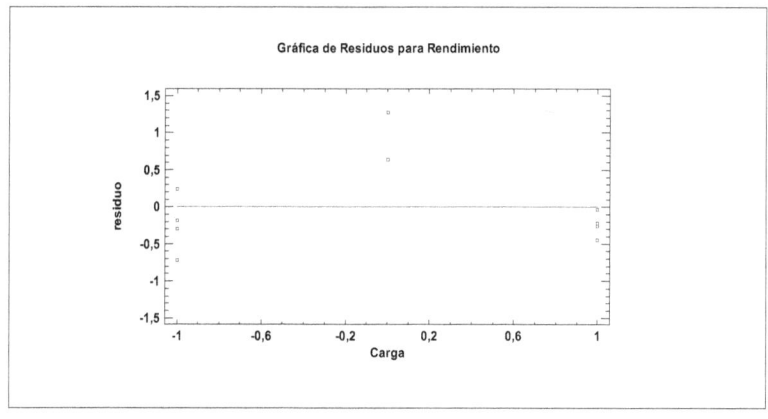

Figura 10 Varianza constante para el rendimiento en función de la carga.

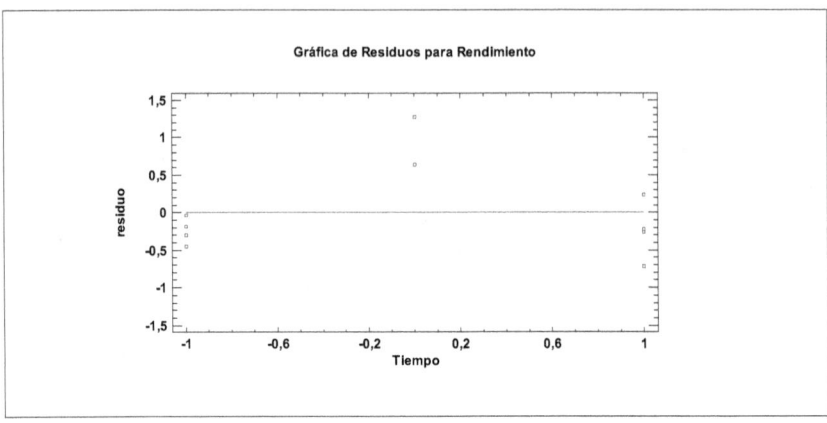

Figura 11 Varianza constante para el rendimiento en función del tiempo.

En la Figura 12, se verifica que el supuesto de independencia no se cumple probablemente por el orden en que se realizaron los experimentos.

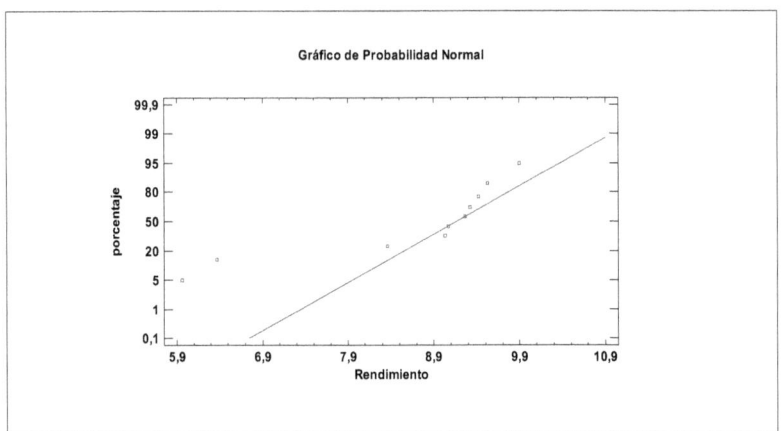

Figura 12 Distribución normal para las extracciones del aceite esencial de mastranto.

En la Figura 13 se observa que los residuos no siguen un patrón o tendencia, por lo que se puede afirmar que los errores son independientes entre sí, garantizando el cumplimiento del supuesto. Luego de comprobar el cumplimento de los supuestos, se procedió a realizar el análisis de varianza.

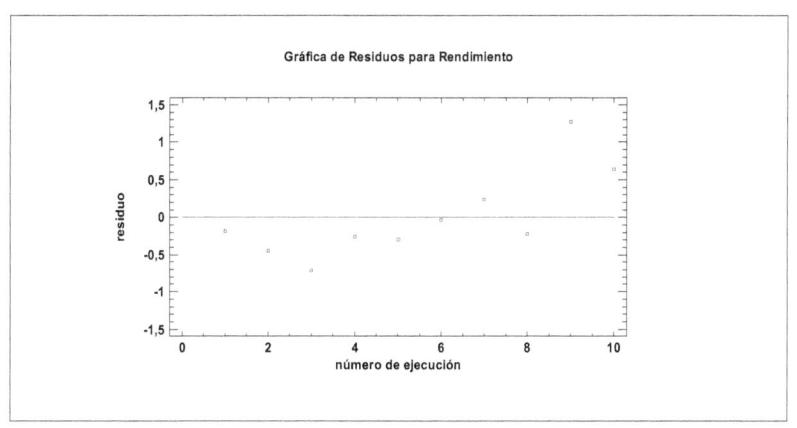

Figura 13 Independencia de los datos para el rendimiento.

El análisis de varianza se hizo con el fin de poder determinar la influencia de las variables principales en el proceso de extracción. En la Tabla 7 se muestra el análisis de varianza donde se observan los resultados de la suma de cuadrados, grados de libertad y la media de cuadrados, con estos valores se determinó el factor de Fisher (F) experimental de cada factor e interacción; mientras más alto sea este factor, el valor p más se acerca más a cero, lo que quiere decir que la variable o la interacción es más influyente en el proceso de extracción.

Tabla 7 Análisis de Varianza para Rendimiento

Fuente	Suma de Cuadrados	Gl	Cuadrado Medio	Razón-F	Valor-P
A:Carga	4,79317	1	4,79317	9,41	0,0220
B:Tiempo	2,54428	1	2,54428	5,00	0,0668
AB	6,17733	1	6,17733	12,13	0,0131
Error total	3,05557	6	0,509261		
Total (corr.)	16,5704	9			

R^2 = 81,56 %

R^2 (ajustada por g.l.) = 72,3401%

Error estándar del est. = 0,713625

Error absoluto medio = 0,431553

Estadístico Durbin-Watson = 1,10826 (P=0,1702)

Auto correlación residual de Lag 1 = 0,373539

En este caso, se tienen 2 efectos con un valor-P < 0,05, lo cual quiere decir que son significativamente diferentes de cero con un nivel de confianza del 95%. De igual manera R-cuadrada tiene un valor de 81,56% y R-cuadrada ajustada de 72,34% ambas son mayor a 70%, se comprueba que el modelo se ajusta. El análisis de varianza se le hace al inverso del rendimiento, ya que es el que se ajusta al modelo de distribución normal.

En la Figura 14 se observa que el tiempo no tiene influencia en el rendimiento. La mayor influencia es la interacción carga-tiempo, la segunda es la carga.

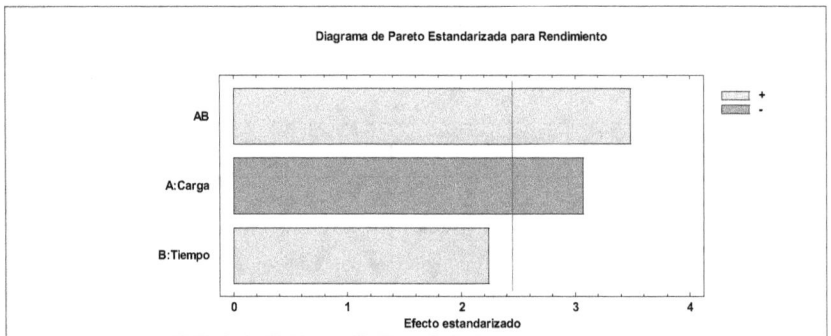

Figura 14 Diagrama de Pareto para el rendimiento en las extracciones por arrastre con vapor

En la Figura 15 se observa que el mejor rendimiento se obtiene con una carga de (+1) y un tiempo de (-1).

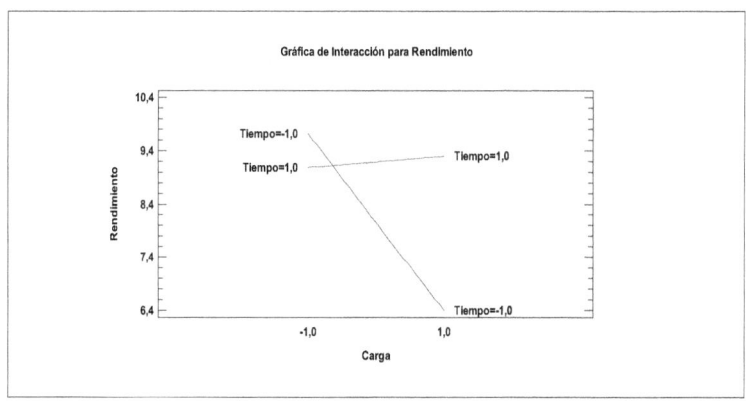

Figura 15 Tendencia de la interaccion para el Rendimiento en las extracciones

El paquete estadístico genera una supuesta superficie de respuesta ajustada a los datos que se obtienen de la transformación inversa del rendimiento, correspondientes al diseño factorial, esta superficie generada por el programa se puede observar en la Figura 16. Con la superficie de respuesta se establecen los valores de los factores que optimizan del valor de la variable respuesta, que en este caso el porcentaje de rendimiento en la extracción del aceite esencial de mastranto. En base al análisis de los datos, sugiere las siguientes condiciones como mejores para el proceso de extracción con arrastre por vapor, carga 400g (1) y un tiempo de extracción de 50min (-1), el cual genera un rendimiento de 0,1678%.

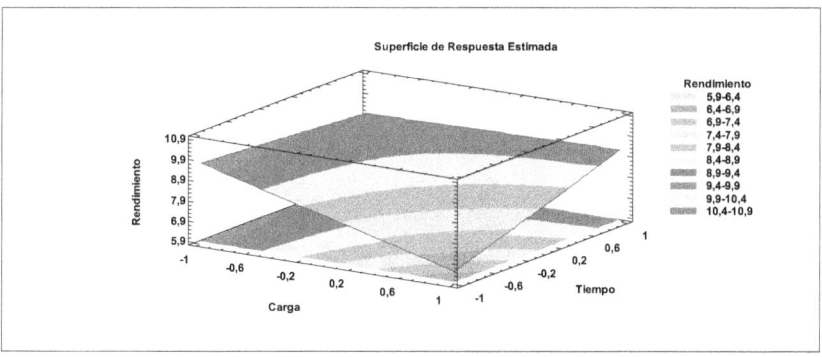

Figura 16 Superficie de respuesta estimada del rendimiento en el proceso de extracción por arrastre por vapor

3.4 Caracterización de los componentes aromáticos del aceite esencial

La identificación de los componentes del aceite esencial del mastranto se realizó mediante el análisis por cromatografía de gases acoplado a un detector de masa (CG-EM), en la Figura 17 se observa el cromatograma realizado. El tamaño de un pico corresponde con la cantidad de compuesto en la muestra. Así que cuanto más aumente la concentración de un compuesto, mayor será el pico obtenido. El tiempo de retención es el tiempo que un compuesto tarda en recorrer la columna. El tamaño de pico y el tiempo de retención sirven para determinar la cantidad y calidad de un compuesto respectivamente (www.agilent.com).

En la selección de la columna capilar para el análisis se toma en cuenta las fases estacionarias de interacción dipolar debido a que estas son aptas para muestras con compuestos que tienen estructuras base o centrales a las que se conectan diversos grupos en varias posiciones. Entre ellos los aromáticos, los halogenuros, los pesticidas y los fármacos. Solo las fuertes interacciones dipolo en la fase estacionaria pueden proporcionar una separación cromatográfica para estos tipos de compuestos (www.agilent.com).

En la Tabla 8 se presenta la composición porcentual de los diferentes componentes identificados en el análisis cromatográfico del aceite esencial del mastranto. El principal compuesto obtenido en el análisis del aceite esencial es el cariofileno (12,89%), seguido del biciclogermacreno (10,06%). Gertsch J. *et* al. (2008) reporta que el beta cariofileno ejerce efectos antiinflamatorios significativos en ratones. En la Tabla 9 se encuentran las propiedades del cariofileno y en la Figura 18 su estructura química. La presencia del biclogermacreno y del d-germacreno (6,42%) en la muestra del aceite esencial hace que tenga propiedades antimicrobianas e insecticidas, de igual manera desempeñan un papel como feromonas de los insectos (Flamini G. *et* al., 2005). Se sabe que la composición del aceite esencial del *Hyptis suaveolens* es variable, y eso se debe a las diferentes condiciones ambientales, origen geográfico, condiciones de cultivo, parte de la planta analizada pueden influenciar en la composición química del aceite esencial (Terra *et* al., 2006), eso se puede evidenciar en el trabajo realizado por Pérez, 2011 en las 3 zonas estudiadas de una misma región donde la composición del aceite esencial varía.

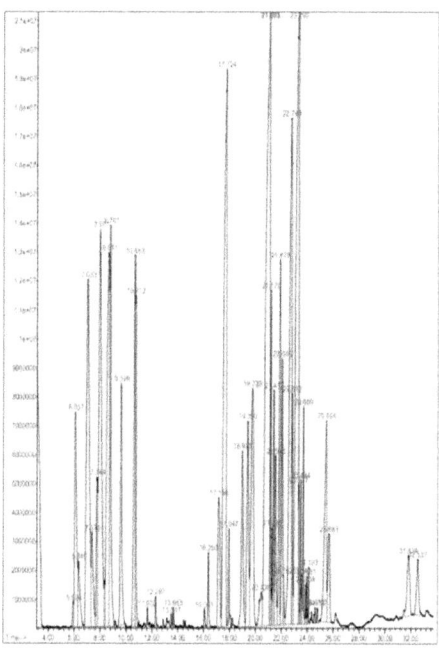

Figura 17 Cromatograma del aceite esencial de mastranto (*Hyptis suaveolens*)

Tabla 8 Componentes aromáticos obtenidos de la extracción del aceite esencial de mastranto por arrastre con vapor

Componente	Porcentaje (%)
Cariofileno	12,89
Biciclogermacreno	10,06
5,9,9 trimetil-spiro[3.5] non-5-en-1-one	8,79
δ-3-careno	6,48
D-germacreno	6,42
β-pineno	5,74

d-limoneno	5,06
Eucaliptol	3,42
β-elemene	3,39
4-carene	3,01
α-carifileno	2,44
1,4 ciclohexadieno	2,11
δ-cadinene	1,88
-βcubebene	1,31
l-fenchona	1,25
Espatulenol	1,15
β–selinene	1,03

Tabla 9 Propiedades del cariofileno

Fórmula química	$C_{15}H_{24}$
Punto de ebullición (°C)	268
Densidad (Kg/m^3)	905,20
Masa molar (g/mol)	204,36

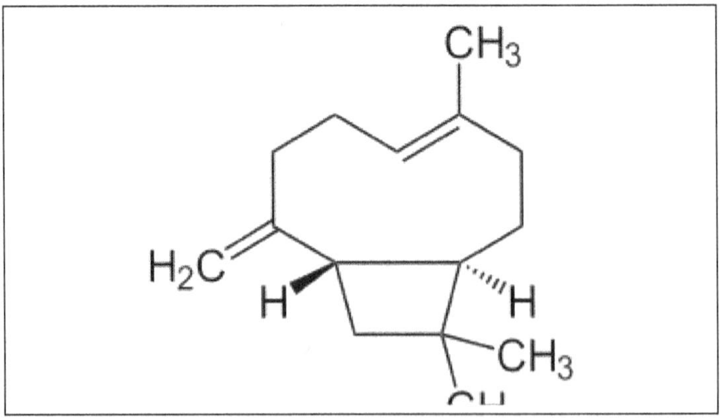

Figura 18. Estructura química del Cariofileno

Fuente: Gertsch J *et al.*, 2008

3.5 Propuestas de mejoras a la planta tipo banco

Después de analizar los resultados obtenidos anteriormente se proponen mejoras para el aumento del rendimiento en el equipo de extracción, una es que el baño refrigerante-circulante sea más eficiente, que tenga un controlador de temperatura y se pueda programar la temperatura de salida del baño refrigerante y así el líquido refrigerante se enfríe en menos tiempo y que este al entrar en contacto con el condensador y retorne al baño se mantenga una temperatura adecuada por más tiempo para que se condense la mezcla del vapor de agua con el aceite esencial y sobre todo evitar la degradación del aceite esencial.

El bajo rendimiento en el aceite esencial extraído puede ser causado por una refrigeración deficiente, ya que el líquido de refrigeración se encuentre a una temperatura muy alta, su volumen o caudal sea menor al necesario o que la longitud del condensador sea menor a la necesaria o la retención de parte del aceite en el agua caliente usada para obtener el vapor (Sharapin, 2000).

La otra propuesta para la mejora del rendimiento en el sistema consiste en sustituir el condensador. El más usado es el tubular, donde el vapor ingresa axialmente a los tubos y el agua de enfriamiento o refrigerante entra por la parte inferior y asciende en sentido contrario a la mezcla del vapor de agua con el aceite esencial que circula por los tubos, recorriendo los mismos hasta lograr la condensación que sale por el cabezal posterior, mientras que el agua de enfriamiento, luego de su recorrido en contraflujo, sale por el otro extremo del condensador. Para este proceso, se diseñó un intercambiador de tubo y coraza de fácil construcción y limpieza en donde los tubos de acero inoxidable (para evitar color indeseable en el producto final) se ubican en forma vertical.

Fluido por la coraza: agua refrigerante o refrigerante.

Fluido por los tubos: mezcla vapor de agua y aceite esencial.

Tubos: acero inoxidable   Coraza: acero inoxidable

DE = 1/2 pulg BWG 18   D.I = 5,07 pulg

Longitud: 39,4cm	Espesor: 3mm

Número de tubos = 12

Arreglo cuadrado de 25 mm

Número de pasos del fluido por tubos y coraza =1

Temperatura de entrada del fluido refrigerante: 37,4°F

Temperatura de salida del fluido refrigerante: 46,13°F

Temperatura de entrada de la mezcla de vapor y aceite esencial: 212°F

Temperatura de salida de la mezcla de vapor y aceite esencial: 77°F

El rediseño del condensador persigue una mejora en el rendimiento, pero el condensador existente actualmente en el sistema tiene 13 tubos y al compararlo con el que se rediseñó que tiene 12 tubos, no hay una diferencia significativa en la cantidad de tubos, lo que implica que el condensador del sistema es el adecuado y no hace falta hacer uno nuevo para el sistema.

Las otras propuestas para aumentar el rendimiento son que el líquido refrigerante sea solo refrigerante y no una mezcla de agua con refrigerante, ya que la función del refrigerante es mantener una temperatura baja y evitar el calentamiento del sistema en este caso del condensador. No es recomendable colocar agua ya que puede ocasionar incrustaciones y depósitos, cuando está cargada de sales como carbonatos.

La cesta que contiene el material vegetal, elaborada de una malla en acero inoxidable perforada se forró de guata y en papel de aluminio por el lado de afuera (Figura 10) para que el flujo de vapor pase por el centro de la cesta y así se impregne de vapor el material vegetal y pueda ocurrir la extracción del aceite esencial, de igual manera se colocaron metras que cumplen con la función de los empaques en las cestas pequeñas que contienen el mastranto, para evitar la canalización del vapor de agua. En el proceso el vapor condensado gotea sobre el interior de la tapa del equipo de extracción recubriendo las metras de la primera cesta que contiene mastranto, mientras que el vapor generado asciende por las cestas que contienen el material vegetal, así que se establece el equilibrio entre el vapor generado y el líquido condensado, los componentes menos volátiles se desplazan con el líquido condensado y los más volátiles con el vapor generado.

Figura 19. Cesta de acero inoxidable forrada con guata y papel de aluminio.

3.6 Estimación de los costos de las modificaciones planteadas

Para la estimación de los costos asociados para el aumento del rendimiento del equipo de extracción por arrastre con vapor, el equipo para el análisis es el baño refrigerante-circulante, para determinar estos costos se consultaron varias empresas relacionadas con la fabricación, venta y servicio de plantas de extracción y/o destilación, Vemeca, C.A., Ingeprocar y Fabremaq.

En la Tabla 10 se observa el costo de los equipos que se proponen para el aumento del rendimiento en la extracción del aceite esencial de mastranto, en la Tabla 11 se presentan los costos de las propuestas menores para el equipo de extracción. Estos costos se consultaron en varios negocios cada uno relacionado en su ramo, Casa Medica, C.A., supermercados y ventas de accesorios para carros.

Tabla 10. Relación de gastos para adquirir el equipo nuevo

Equipo	*Costo ($)	*Costo (Bs.)
Baño refrigerante-circulante	2500,00	499800,00
Total	2500,00	499800,00

*Los costos se calcularon con la tasa referencial de Simadi de Bs/$ 199,92

En cuanto al costo de la materia prima depende del proveedor que suministre el material vegetal que se utilice para el proceso de extracción, en este caso el costo de 1 kg de hojas de mastranto fué de Bs. 200,00.

Tabla 11. Relación de gastos en la adquisición de materiales.

Material o equipo	Monto en Bs.
Refrigerante (6 gal)	15000,00
Gasa	3000,00
Metras	200,00
Papel de alumínio	150,00
Total:	Bs. 18350,00

En cuanto a la factibilidad técnico-económica de la planta tipo banco para la extracción del aceite esencial de mastranto, la planta es técnicamente factible por el rendimiento obtenido, ya que similar al reportado en otros estudios realizados anteriormente como en el de Chacín, (2000) que presenta un rendimiento de 0,12% y Pérez, (2011) con 0,1650% perteneciente al municipio Cocorote. En cuanto a la factibilidad económica no es factible debido a que actualmente en el país no existe un mercado de consumo para este aceite esencial y no se puede conocer los precios de venta del aceite esencial, sin embargo internacionalmente si existe un mercado de consumo para este aceite esencial, que es utilizado para hacer cremas cicatrizantes, repelentes de mosquitos solo se debe conseguir la información de las compañías que en el exterior lo utilizan como materia prima para venderle el aceite a un precio adecuado para que sea rentable.

4. Conclusiones

1. Las mejores condiciones de operación determinadas por el diseño experimental 2^2 para la extracción con arrastre con vapor de aceite esencial de mastranto (*Hyptis suaveolens*) es de: 400 g de hojas secas, molidas de tamaño mixto y un tiempo de extracción de 50 min.
2. En base al análisis de la superficie de respuesta, el mejor rendimiento obtenido con las condiciones de operación de 400 g de hojas secas, molidas de tamaño mixto, un tiempo de extracción de 50 min, fue de 0,1678%.
3. En los resultados cromatograficos del aceite esencial extraído de mastranto recolectado en el municipio Libertador, se lograron identificar los siguientes compuestos: el cariofileno 12,89%, Biciclogermacreno 10,06%, δ-3-careno 6,48%, D-germacreno 6,42%, y el eucaliptol 3,42%.
4. Para aumentar el rendimiento se hicieron 2 tipos de propuestas, la primera del equipo de alto costo y la segunda que son propuestas menores de materiales con un costo menos elevado.
5. El equipo propuesto para el aumento del rendimiento de la extracción del aceite esencial es un baño termostático que tenga un controlador de temperatura, ya que la refrigeración deficiente produce un bajo rendimiento del aceite esencial extraído
6. El rediseño del condensador al compararlo con el existente no se observa una diferencia significativa en la cantidad de tubos, lo que implica que el condensador del sistema es el adecuado.
7. El costo del baño refrigerante-circulante es de aproximadamente $2500.
8. La planta tipo banco es técnicamente factible por el rendimiento obtenido que es similar a otros estudios realizados que dan las extracciones del aceite esencial de *Hyptis suaveolens*. Económicamente no es factible en el país debido a que no existe un mercado de consumo para este aceite esencial.

Referencias

Agilent. "Guia de selección de columnas Agilent J&W para GC". Obtenido 15 de octubre de 2015. Desde http:/www.agilent.com/cs/library/selectinguide/public/5990-5488ES.pdf

DELGADO, F., y ORIA, R., (2012). "Evaluación del aceite esencial del Limón Eureka obtenido por diferentes métodos". Universidad de Carabobo, Facultad de Ingeniería.

DOMÍNGUEZ, A., y HERNÁNDEZ, R., (2013). "Elaboración de un prototipo de perfume a partir del aceite esencial obtenido de la corteza de la naranja (*Citrus sinensis*)". Universidad de Carabobo, Facultad de Ingeniería.

ESCOBAR A., (2011). "Diseño y puesta en marcha de una planta piloto de arrastre con vapor para la obtención de aceites esenciales". Universidad de Carabobo, Facultad de Ingeniería.

FLAMINI, G., CIONI, PL., MORELLI, I., (2005). "Composition of essential oils and in vivo emission of volátiles of four *Lamiun* species from Italy: *L. purpureum, L. bifidum* and *L. amplexicaule*". Foos Chemistry 91(1): 63-68.

HIMMELBLAU, D. (2002). "Principios básicos y cálculos de ingeniería química". Editorial Person. 6ª edición. México. Página 315.

MARCANO, D. y HASEGAWA, M. (2006). "Fitoquímica orgánica". Editorial Torino. Venezuela. Universidad Central de Venezuela. Página 261.

MATUTE, J., y QUIROGA, F., (2003). "Factibilidad Técnico-económica de una planta piloto para la obtención de aceite esencial de mastranto (*Hyptis suaveolens*)". Universidad de Carabobo, Facultad de Ingeniería.

MONTGOMERY, D., (1996) "Probabilidad y Estadística aplicadas a la ingeniería. Editorial Mc Graw Hill. Primera edición. Páginas 720, 728-778.

ORTUÑO, M. (2006). "Manual práctico de aceites esenciales, aromas y perfumes". Editorial Aiyana. Páginas 10, 15, 44-45, 125, 130-138.

PÉREZ, DEISY (2011). "Estudio de los componentes aromáticos de tres variedades de mastranto *(Hyptis suaveolens)* que crecen en el estado Yaracuy, Venezuela". Universidad de Carabobo, Facultad de Ingeniería.

SHARAPIN, N. (2000). "Fundamentos de las tecnologías de productos fitoterapeuticos". Editorial Quebecor-Impreandes. Colombia. Página. 112.

TERRA, F., DOS SANTOS, H., POLO, M., (2006), "Variación química del aceite esencial de *Hyptis suaveolens* (*L.*) POIT en las condiciones de cultivo. Universidad Federal de Alfenas, Brasil.

Capítulo 4. Elaboración de un Repelente de Insectos Voladores a Base de Aceite Esencial de Mastranto (*Hyptis suaveolens*) Extraído por Arrastre con Vapor y Extracción-Destilación Simultánea

Germania Marquina-Chidsey • Diego Tresinari • Juan Enrique Matute Lozada • Félix Manuel Quiroga Delgado • Bárbara Alcántara • Nohely Ostos • María Rodríguez • Julio Chacín

Resumen

En el siguiente trabajo se buscó aprovechar la abundancia del mastranto, se extrajo su aceite esencial empleando los métodos de arrastre con vapor y extracción por destilación simultánea, aplicando análisis de varianza estadístico para establecer las diferencias entre los rendimientos de los diferentes extractos obtenidos. Seguidamente se caracterizó para conocer los componentes aromáticos, plantear y preparar formulaciones a diferentes concentraciones, se emplearon pruebas para verificar su estabilidad física y química, y garantizar la calidad del producto. Finalmente se ejecutaron ensayos dermatológicas, microbiológicas y de repelencia con el fin de desarrollar un repelente natural enfocado a los insectos voladores empleando el aceite esencial de mastranto obtenido como ingrediente principal, resaltando sus propiedades medicinales y los beneficios que puede brindar, presentándose como una alternativa ante los repelentes sintéticos que abastan al mercado.

1. Introdución

Destilación por arrastre con vapor

En la destilación por arrastre con vapor, el vapor húmedo o seco se produce por separado en una caldera y se inyecta por la parte inferior del recipiente que contiene el material vegetal. La ventaja de este tipo de destilación es que es relativamente rápida, consume menos energía y causa menos transformaciones químicas a los componentes reactivos de los aceites esenciales. Este método es usado de preferencia cuando el material a extraer es líquido o cuando se utiliza de forma esporádica (Peredo-Luna *et al.*, 2009; Torres, 2011).

La presión de vapor es una de las variables de trabajo, que se selecciona para el tipo de material vegetal a procesar. Este método de destilación puede considerarse el más sencillo, seguro e inclusive, el más antiguo. Es una destilación de la mezcla de dos líquidos inmiscibles y consiste, en resumen en una vaporización a temperaturas inferiores a las de ebullición de cada uno de los componentes volátiles por efecto de una corriente directa de vapor agua, el cual ejerce la doble función de calentar la mezcla hasta su punto de ebullición y disminuir la temperatura de ebullición por adicionar la presión de vapor, del vapor que se inyecta a la de los componentes volátiles de los aceites esenciales. Los componentes se volatilizan, y condensan en un refrigerante, siendo recogidos en un vaso florentino, donde se separa el agua del aceite por diferencia de densidad. Este método es usado de preferencia cuando el material a extraer es líquido o cuando se utiliza de forma esporádica

Hidrodifusión o hidroextracción

Cuando se usa vapor saturado, pero la materia no está en contacto con el agua generadora, sino con un reflujo del condensado formado en el interior del destilador y se asume que el agua es un agente extractor (Peredo-Luna *et al.*, 2009; Torres, 2011).

Hidrodestilación

Cuando se usa vapor saturado, pero la materia prima está en contacto íntimo con el agua generadora del vapor.

De manera general el proceso ocurre de la siguiente forma: La materia prima vegetal es cargada en un hidrodestilador, de manera que forme un lecho fijo compactado (Figura X). Su estado puede ser molido, cortado, entero o la combinación de éstos. El vapor de agua es inyectado con la presión suficiente para vencer la resistencia hidráulica del lecho, la producción de vapor puede ser por medio de un hervidor, caldera o la base del recipiente. El vapor entra en contacto con el lecho, para calentar la materia prima y liberar el aceite esencial contenido, a su vez, se evapora, debido a su alta volatilidad. Los vapores salen a través de un cuello de cisne, por medio de una manguera, pasando luego a un sistema de condensación en dónde la mezcla es condensada y enfriada, hasta temperatura ambiente. A la salida del condensador, se obtiene un extracto líquido inestable, la cual, es separada en un decantador dinámico o florentino. Este equipo está lleno de agua fría al inicio de la operación y el aceite esencial se va acumulando, debido a su casi inmiscibilidad en el agua y a la diferencia de densidad y viscosidad con esta. Dispone de una salida lateral, por el cual, el agua es desplazada para favorecer la acumulación del aceite.

El vapor condensado acompañante del aceite esencial y que también se obtiene en el florentino, es llamado "agua floral" y contiene una pequeña concentración de los compuestos químicos solubles del aceite esencial. El proceso termina, cuando el volumen del aceite esencial acumulado en el florentino no varíe con el tiempo. Luego de esto, el aceite es retirado del florentino y almacenado en un recipiente y en lugar apropiado (Rodríguez et al., 2012).

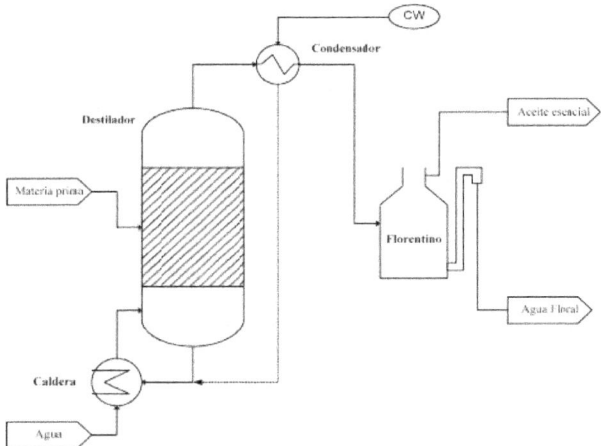

El proceso descrito se puede representar de la siguiente manera:

Figura X. Esquema de un proceso de destilación por arrastre con vapor

Escalas de equipos de extracción por arrastre con vapor

- Escala de laboratorio:

El más conocido es el equipo Clevenger es considerado como el más indicado para determinar el contenido total de aceite esencial en una planta según varios estándares internacionales. Esta comprendido por un balón en el cual se deposita la materia prima molida y una cantidad conocida de agua; al balón se encuentra acoplado un condensador y una conexión en forma de D la cual permite que se acumule y se separe el aceite esencial. El vapor condensado obtenido en el matraz florentino regresa al balón por el rebose de la conexión (Peredo-Luna *et al.*, 2009; Torres, 2011).

Este tipo de equipo tiene como ventajas su simplicidad y facilidad para trabajar con aceites de diferente naturaleza. Pero los resultados obtenidos no se pueden usar para un escalado, porque el material vegetal no forma un lecho fijo, sino que está en contacto permanente con el agua, además el tiempo de extracción es muy largo comparado con el usado industrialmente, porque se busca agotar todo el aceite contenido en la planta, y no sirve para establecer un tiempo óptimo de operación (Rodríguez et al., 2012).

En este grupo se encuentran otros equipos en los cuales el material vegetal forma un lecho fijo, en una columna de vidrio, y el vapor de agua se alimenta por medio de un balón calentado constantemente, que funciona como un generador.

Estos equipos son igual de simples y flexibles pero además permiten operar en un modo más similar al de los equipos mayores. Tiene como limitaciones el hecho de que se usa materia prima molida y la presencia de un flujo de vapor condensado a contracorriente, el cual lleva consigo compuestos y que genera una recirculación indeseable, porque los compuestos puedendegradarse convirtiéndose en una perturbación que afecte la calidad del aceite obtenido.

Depende además del flujo de vapor generado con la potencia de la fuente de energía lo que dificulta el control de este parámetro (Rodríguez et al., 2012).

- Escala intermedia o banco:

La capacidad de estos equipos varía entre 5 a 50 litros. En la mayoría de estos equipos el vapor de agua se genera en el mismo recipiente donde está contenido el material vegetal divididos por una rejilla. Una alternativa optimizada es un equipo de este tipo, pero sin que el vapor sea generado en el mismo recipiente; sino que sea inyectado mediante un distribuidor interno y el vapor provenga de un generador externo disponible.

El equipo se carga con el material vegetal, cuando el agua alcanza una temperatura cercana a la de ebullición. El vapor que se genera calienta la materia prima y arrastra el aceite que se vaporiza. La cubierta suele ser del tipo cuello de cisne, para favorecer el tiro del vapor (Rodríguez *et al.*, 2012).

Los condensadores pueden ser doble tubo o de serpentín, este se encuentra sumergido en un tanque o con una alimentación constante a contracorriente, de agua fría. El aceite esencial obtenido es obtenido en un matraz florentino.

El agua floral puede ser reciclada, si el matraz recolector se puede adaptar a la sección de generación del vapor del hidrodestilador. Son construidos en vidrio Pírex, acero inoxidable o cobre. Este equipo presenta como ventajas su facilidad de manejo, implementación de un control automático, fácil aislamiento y la confiabilidad y reproducción de los datos experimentales generados que permiten utilizarlos para modelaciones del fenómeno en cuestión (Cerpa, 2007).

Presenta como desventajas su sensibilidad a las características del material (molido, entero, en trozos, etc.) que influyen en el rendimiento y velocidad del proceso, requiere de una limpieza periódica para evitar la contaminación de los productos y la imposibilidad de trabajar con vapor saturado con una mayor presión, lo cual, representa una restricción importante con respecto a los equipos piloto o industriales.

- Escala piloto:

Estos equipos comprenden un hidrodestilador cilíndrico simétrico o de una altura ligeramente mayor al diámetro, poseen una capacidad entre 50 a 500 litros, pueden ser de acero comercial, inoxidable o cobre. El vapor de agua es inyectado por el fondo del equipo o generado en esa sección. La materia prima suele estar compactada y es almacenada en una cesta para facilitar su transporte y descarga. Los condensadores son coraza y de varios tubos internos o de un doble serpentín sumergido en un tanque de agua. Los florentinos son diferentes a los de la escala intermedia y del laboratorio. Son decantadores en acero inoxidable, con un cuerpo cónico o cilíndrico y un fondo cónico (Torres, 2011).

El aceite esencial es recogido del matraz recolector y almacenado en otro decantador. Se realiza una segunda separación dinámica porque el flujo de vapor es elevado y el tiempo necesario para que la emulsión (aceite-agua) se rompa suele ser mayor a la medida en la escala intermedia. . Pueden tener un generador externo o acoplado al hidrodestilador.

Este equipo presenta como ventajas una mayor confianza en los datos experimentales generados, con respecto a los obtenidos a menores escalas, y que se esperan conseguir en una planta industrial; la evaluación económica aplicada a estos equipos, permite conocer con una mayor confianza, el costo final del producto; permiten trabajar con diferentes tipos de materia prima (molida, triturada parcialmente, entera o la combinación de ellas), en cualquier proporción; permiten operar con vapor saturado de mayor presión, con lo cual, se puede acelerar el proceso u obtener aceites de calidades diferentes. Las desventajas se presentan debido a que requieren un generador externo de vapor; no son móviles; la reproducibilidad de los datos experimentales es menor que los equipo banco y de laboratorio; no son flexibles; ni están aislados térmicamente; y requieren de una inversión económica mayor a los banco. Los equipos piloto no suelen usarse con propósitos de investigación científica, sino de producción semi-industrial o de confirmación de los resultados a nivel banco y como centro de ensayos de una planta industrial (Cerpa, 2007).

- Escala industrial:

Los equipos de esta escala poseen una capacidad mayor a 500 litros. Se construyen en acero comercial o acero inoxidable en el caso de usarse diferentes materias primas para facilitar la limpieza y evitar contaminación con los aceites remanentes.

Pueden ser de dos tipos: móviles (remolques-alambiques) o estáticos (hidodestiladores verticales). La aplicación del primer tipo obedece a la mecanización de la agricultura en estos países y a la gran producción de algunos aceites, así como la búsqueda de minimizar costes operativos y aumentar la eficiencia de la obtención, al disponer de una mayor flexibilidad en el retiro y acoplamiento de los remolques. En el caso de los equipos verticales obedece a cosecha atomizada en varias regiones cercanas, mayor mano de obra disponible, menores niveles de producción, interés en agotar completamente el aceite contenido en la planta (Cerpa, 2007).

Los remolques son recipientes prismáticos donde se acumula la planta fresca recién cosechada y cegada por una máquina agrícola. Estos remolques son cerrados con una tapa conectada a un condensador. En el interior de los remolques existe un conjunto de tubos paralelos por donde se inyecta vapor saturado y con el cual se logrará calentar la carga y arrastrar el aceite contenido. Los condensadores pueden ser verticales, de tubos y coraza o de serpentín, sumergidos en un tanque de agua. El rendimiento es menor al conseguido en las escalas inferiores y depende de diversos factores. El aceite esencial acumulado en los florentinos es removido periódicamente a los cilindros de almacenamiento (Torres, 2011).

Extracción-Destilación Simultáneas

La Destilación y Extracción Simultáneas (EDS) es un proceso en el que la muestra y el disolvente destilan simultáneamente y condensan en la misma zona en la que tiene lugar la extracción liquido-liquido. También se ha descrito la extracción parcial en fase vapor. La técnica combina la hidrodestilación con la extracción con solventes, utilizando el equipo diseñado por Likens y Nickerson en 1964 (Neira, 2009).

La influencia de la concentración y de la volatilidad del soluto, así como de la selectividad del disolvente, en la recuperación, condicionan la composición del extracto, que en muchas ocasiones no coincide con la de la muestra original (Villen, 1993).

Equipo Likens-Nickerson

El esquema del equipo es básicamente el que se muestra en la figura Y Este es el esquema del equipo simplificado, a este equipo puede incorporársele un sistema de vacío para trabajar a presión reducida. Se puede observar que el cuerpo del equipo de extracción está conectado a dos matraces, que según el disolvente presente mayor o menor densidad que el agua, los matraces se incorporan en una zona u otra. En la disposición presentada el disolvente es más denso que el agua, (Ej.; diclorometano). El equipo consta de una rama por donde subeel vapor del disolvente, aislada térmicamente para evitar la condensación de los vapores y favorecer que estos lleguen a la zona del refrigerante (el cual debe presentar una temperatura menor a los 0°C) donde se efectuará el proceso de destilación- extracción. De igual manera en el otro balón es donde estará dispuesta la materia prima que será sometida a hidrodestilación, de esta manera el vapor de agua, junto con los componentes volátiles ascenderán hacia el cuerpo del equipo de extracción. Se dispone además, de un baño auxiliar con agua caliente que se utiliza para iniciar el proceso (Llorens,

2011).

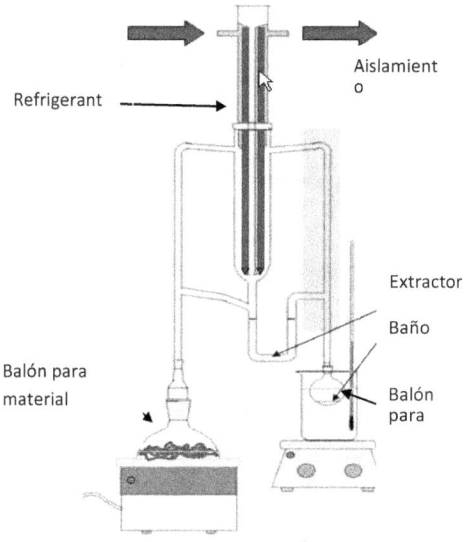

Figura Y. Esquema de un equipo de Destilación-Extracción Simultánea

Una vez en contacto los vapores se realiza la extracción-destilación, de esta manera del refrigerante descienden las gotas que están constituidas tanto de vapor de agua condensado, como de componentes volátiles y también el disolvente condensado que ya se ha encargado de extraer gran parte de esos componentes volátiles. Dado que el disolvente y el agua son inmiscibles, se produce una separación, de modo que la fase acuosa retorna al matraz donde tiene lugar la hidrodestilación, mientras la fase orgánica retorna al balón donde se encuentra el disolvente y este vuelve a evaporarse, de esta forma ocurrirá una separación continua en la cual se enriquecerá en componentes volátiles el contenido del matraz donde se encuentra el disolvente

(Llorens, 2011).

Análisis en la composición de los aceites esenciales

Los aceites esenciales son mezclas que pueden llegar a ser muy complejas, por lo que la identificación de sus componentes no es una tarea simple; Anteriormente, esta identificación se convertía en una larga y tediosa operación, que consumía muchísimo tiempo, ya que requería el aislamiento y purificación de cada componente (utilizando, por ejemplo, cromatografía en capa fina, cromatografía en columna, destilación fraccionada, etc.) y su posterior determinación estructural por métodos tradicionales (obtención de derivados, reacciones de coloración, pruebas de grupos funcionales, etc.) (Villamar et al., 1994; Albarracíny Gallo, 2003).

En las últimas décadas, el desarrollo de técnicas instrumentales de análisis y su acoplamiento a sistemas informáticos y bases de datos, ha cambiado sustancialmente el panorama, agilizando de forma notable la identificación de los componentes de las esencias, han contribuido especialmente a este cambio, el desarrollo de técnicas como:
- Técnicas cromatográficas de alta resolución, principalmente la cromatografía de gases con columnas capilares.
- Técnicas espectroscópicas, particularmente la espectrometría de masas (EM), la espectroscopia infrarroja (IR) y la espectroscopia de resonancia magnética nuclear (RMN).

Sistemas cromatográficos acoplados a técnicas espectroscópicas, especialmente la cromatografía de gases acoplada a la espectrometría de masas (CG-MS) y la cromatografía de gases acoplada a la espectroscopia infrarroja (CG-FTIR) (Villamar et al., 1994; Albarracín y Gallo, 2003).

Cromatografía en fase gaseosa

La cromatografía de gases es una técnica de separación basada principalmente en fenómenos de partición entre una fase móvil gaseosa (helio, argón, hidrógeno, nitrógeno) y una fase estacionaria constituida por un líquido muy viscoso retenido en el interior de una columna cromatográfica. La columna se coloca en un horno con temperatura regulable y programable, lo que nos permite influir de forma decisiva en la separación de los componentes de la mezcla. El cromatógrafo se completa con un sistema de inyección, que nos permite introducir la muestra en la columna y un detector que muestra las diferentes sustancias a medida que van saliendo de la columna, una vez separadas. Las columnas cromatográficas utilizadas actualmente son de tipo capilar: están constituidas por un tubo de cuarzo flexible de diámetro muy pequeño (normalmente 0.25 mm) y muy largo (25 a 60 m, hasta 200 m); proporcionan alta resolución y permiten separar las mezclas multicomponentes de sustancias de diversa polaridad y/o peso molecular (monoterpernos, sesquiterpenos, etc.). (Arias *et al.,* 2005).

Para la identificación de los componentes del aceite esencial mediante CG se ha utilizado frecuentemente la comparación de sus tiempos de retención (tiempo transcurrido entre la inyección de la muestra y la aparición del pico cromatográfico) con los de los patrones. Sin embargo, los tiempos de retención están fuertemente influenciados por numerosas variables, como la técnica de inyección, las variaciones de temperatura o flujo de los gases, es diseño de equipo, etc. Por este motivo ha sido necesaria la introducción de parámetros relativos como son los tiempos de retención relativos y los índices de retención. La identificación de los componentes del aceite se realiza a través de comparación de los índices de retención de las sustancias patrones en dos fases estacionarias, polar y apolar, con los índices obtenidos para los componentes del aceite esencial (Villamar *et al.,* 1994; Albarracín y Gallo, 2003).

Cromatografía en fase gaseosa acoplada a espectrometría de masas

Durante las dos últimas décadas se ha demostrado que uno de los métodos más eficientes para el estudio de la composición de los aceites esenciales es la cromatografía de gases acoplada a la espectrometría de masas (CG-EM). Es un método muy adecuado para la identificación debido a que los componentes del aceite son compuestos volátiles y de bajo peso molecular. La esencia se inyecta directamente en el cromatógrafo, sin ningún tratamiento previo, lo cual elimina posibles modificaciones en la composición de la muestra o en la estructura de sus constituyentes debidas a pretratamiento. No se eliminan las alteraciones debidas a la temperatura de análisis, que puede afectar componentes termosensibles. En el cromatógrafo, los componentes de la esencia se separan, tras lo cual penetran en el espectrómetro de masas, que permite registrar el correspondiente espectro de cada una de las sustancias separadas. Los constituyentes del aceite esencial se identifican gracias a los

diferentes patrones de fragmentación que se observan en sus espectros de masas.

La CG-EM permite realizar en una sola operación, para una muestra del orden de 1 μL, un análisis cualitativo junto con una indicación de las proporciones en las que se encuentran componentes. Cuando se dispone de sustancia patrón, la calibración del equipo permite un análisis cuantitativo exacto de la muestra (Villamar *et al.*, 1994; Albarracín y Gallo, 2003).

Espectrometría de masas

La identificación de los componentes de los aceites esenciales se realiza con base en sus espectros de masas (EM), obtenidos por impacto electrónico y/o por ionización química. Varios analizadores másicos (magnético, cuadrupolar, de trampa iónica) se utilizan en espectrómetros de masas acoplados a cromatógrafos de gases. En los últimos años los detectores de trampa iónica se emplean cada vez con más frecuencia en los estudios de mezclas complejas, incluyendo los aceites esenciales, sobre todo cuando se requiere alta sensibilidad en los análisis. En un espectro de masas, se observa, en abscisas, la relación masa/carga (m/z) de los iones formados al fragmentarse la molécula y en las ordenadas, la intensidad (abundancia) de cada uno de los iones formados.

Las masas de los iones formados a partir de los terpenos, principales constituyentes de los aceites esenciales, son bastante parecidas. Sin embargo difieren en su abundancia lo cual permite su identificación (Arias *et al.,* 2005)

Otras técnicas instrumentales de análisis

Cromatografía de gases multidimensional, cromatografía en fase gaseosa acoplada a espectroscopia infrarroja y espectroscopia de resonancia magnética nuclear (RMN) (Arias *et al.,* 2005).

Enfermedades ocasionadas por insectos o mosquitos transmisores deenfermedades

La fiebre amarilla

Es una arbovirosis, inmunoprevenible, causa de una importante morbilidad y letalidad en vastas zonas de las regiones tropicales de África y las Américas. Se reconocen dos ciclos, uno urbano y otro selvático. Los últimos brotes urbanos en América se registraron en Brasil, en 1942y el último caso urbano confirmado se presentó en Trinidad, en 1954. Desde entonces, sólo se ha aceptado fiebre amarilla selvática en las Américas.

La fiebre amarilla selvática se presenta predominantemente en la parte septentrional de América del sur principalmente en zonas boscosas cercanas a los ríos como el Magdalena, Guaviare, Catatumbo, Orinoco y Amazonas. Incluidos Colombia, Venezuela, Las Guayanas, Ecuador, Perú, Brasil y Bolivia. Ha desaparecido de Centro América (Panamá, Costa Rica, Honduras, Guatemala) y de México, en donde hasta hace unos años también fue endémica en su variedad selvática.

El vector de la fiebre amarilla urbana es el *A. aegypti*. En este mosquito el virus sufre un periodo de incubación extrínseca de 10-12 días, durante el cual se multiplica en la pared gástrica y en las glándulas salivales. El mosquito es infectante durante toda su vida, que es de 4-8 semanas y el virus se transmite transováricamente a la descendencia del mosquito, hecho que lo convierte en el verdadero reservorio y hace menos importante la existencia de otras fuentes del virus. Los transmisores selváticos que también transmiten el virus transováricamente, viven en las copas de los árboles, en donde perpetúan el ciclo entre los primates que tienen este hábitat.

En la fiebre amarilla selvática el virus circula entre los monos. En los períodos de viremia, son picados por los mosquitos selváticos quienes transmiten el virus a otros monos. El hombre susceptible se infecta al penetrar en la selva sin inmunidad y es picado accidentalmente por mosquitos infectados: mono -mosquito selvático-hombre.

En la fiebre amarilla urbana el virus es introducido al ciclo por un hombre virémico que se ha infectado en el ciclo selvático. Al ser picado por el *A. aegypti*, este vector se torna infectante y logra transmitir el virus a otras personas susceptibles, iniciando el ciclo de transmisión: hombre-*A. aegypti*–hombre. No hay transmisión de persona a persona (Guerrant *et al;* 2014).

El dengue

Es una enfermedad vírica transmitida por mosquitos que se ha propagado rápidamente en todas las regiones de la OMS en los últimos años. El virus del dengue se transmite por mosquitos hembra principalmente de la especie *A.aegypti* y, en menor grado, de *A. albopictus*. La enfermedad está muy extendida en los trópicos, con variaciones locales en el riesgo que dependen en gran medida de las precipitaciones, la temperatura y la urbanización rápida sin planificar.

El dengue grave (conocido anteriormente como dengue hemorrágico) fue identificado por vez primera en los años cincuenta del siglo pasado durante una epidemia de la enfermedad en Filipinas y Tailandia. Hoy en día, afecta a la mayor parte de los países de Asia y América Latina y se ha convertido en una de las causas principales de hospitalización y muerte en los niños de dichas regiones.

El vector principal del dengue es el mosquito *A. aegypti*. El virus se transmite a los seres humanos por la picadura de mosquitos hembra infectadas. Tras un periodo de incubación del virus que dura entre 4 y 10 días, un mosquito infectado puede transmitir el agente patógeno durante toda la vida.

Las personas infectadas son los portadores y multiplicadores principales del virus, y los mosquitos se infectan al picarlas. Tras la aparición de los primeros síntomas, las personas infectadas con el virus pueden transmitir la infección (durante 4 o 5 días; 12 días como máximo) a los mosquitos Aedes (Guerrant *et al.*, 2014).

El chikungunya

Es un virus que causa fiebre alta, dolor de cabeza, dolores en las articulaciones y dolor muscular, unos tres o siete días después de ser picado por un mosquito infectado. Aunque la mayoría de los pacientes tienden a sentirse mejor en los siguientes días o semanas, algunas personas pueden desarrollar dolores en las e inflamación en las articulaciones de manera crónica.

La enfermedad rara vez puede causar la muerte, pero el dolor en las articulaciones puede durar meses e incluso años para algunas personas. Las complicaciones son más frecuentes en niños menores de 1 año y en mayores de 65 años y/o con enfermedades crónicas (diabetes, hipertensión, etc.). No existe un tratamiento específico ni una vacuna disponible para prevenir la infección de este virus.

El origen de esta palabra viene de la lengua africana makonde, que quiere decir "doblarse por el dolor". Este virus fue detectado por primera vez en Tanzania en 1952.

Se transmite a través de la picadura de mosquitos *A. aegypti* (que también puede transmitir el dengue y la fiebre amarilla, y está presente en las zonas tropicales y subtropicales de las Américas), y el *A. albopictus* (Guerrant *et al.*, 2014).

Malaria o Paludismo

Es una enfermedad infecciosa transmitida por la picadura de un mosquito hembra infectado llamado Anopheles que se encuentran en muchas zonas del país sobre todo en las áreas de baja elevación. En Venezuela hay dos tipos principales de Malaria producido por dos especies diferentes de parásito Plasmodium. La primera es causada por el *Plasmodium vivax* y es considerada benigna porque es menos severa que la causada por el *Plasmodiun falciparum*. Los síntomas más comunes de ambas enfermedades son dolor de cabeza, escalofríos, malestar a nivel muscular y articular acompañada de fiebres altas, y en la forma más severa puede llegar a causar la muerte (Wide *et al.*, 2011).

Principales vectores transmisores.

A. aegypti

El mosquito adulto es de tamaño mediano, de aproximadamente 4-7 milímetros. A simple vista, los mosquitos de fiebre amarilla adultos se parecen el mosquito tigre asiático con una ligera diferencia en los patrones de tamaño y tórax. Adultos de *A. aegypti* tienen escamas blancas en la superficie dorsal (superior) del tórax que forman la forma de un violín o la lira, mientras que los adultos *A. albopictus* tiene una raya blanca en el medio de la parte superior del tórax. Cada segmento del tarso de las patas traseras posee bandas basales blancas, formando lo que parecen ser las rayas. El abdomen es generalmente de color marrón oscuro a negro, pero también puede poseer escamas blancas. El mosquito *A. aegypti* vive en hábitats urbanos y se reproduce principalmente en recipientes artificiales. A diferencia de otros mosquitos, este se alimenta durante el día; los periodos en que se intensifican las picaduras son el principio de la mañana y el atardecer, antes de que oscurezca. En cada periodo de alimentación, el mosquito hembra pica a muchas personas (Guerrant *et al;* 2014).

A. albopictus

Se reconoce fácilmente por las escamas negras brillantes y audaces distintas escamas blancas plateadas en la palpus y tarsos (Hawley 1988). El escudo (atrás) es de color negro con una raya blanca distintiva en el centro a partir de las de la superficie dorsal de la cabeza y continua a lo largo del tórax. Es un mosquito de tamaño mediano (aproximadamente 2,0 y 10,0 mm, los machos son en promedio 20 % más pequeños que las hembras). Los tergitos abdominales están cubiertos de escamas oscuras. Las piernas sonde color negro con escamas basales blancas en cada segmento del tarso. El abdomen se estrecha en un característico punto del género Aedes. La identificación de campo es muy fácil debido a estas características distintivas.

A. albopictus, vector secundario del dengue en Asia, se ha propagado a Canadá, los Estados Unidos y Europa debido al comercio internacional de neumáticos usados (que proporcionan criaderos al mosquito) y el movimiento de mercancías. *A. albopictus* tiene una gran capacidad de adaptación y gracias a ello puede sobrevivir en las temperaturas más frías de Europa. Su tolerancia a las temperaturas bajo cero, su capacidad de hibernación y su habilidad para guarecerse en micro hábitats son factores que propician su propagación (Wide *et al.*, 2011).

Métodos de control de insectos

Repelente

Sustancia que al ser aplicada sobre la piel crea una especie de barrera a su alrededor que impide el acercamiento de algunos insectos voladores constituyendo así una herramienta eficaz para evitar sus picaduras, molestias y por ende las enfermedades que transmiten. Estos pueden ser repelentes naturales como por ejemplo Citronella, Limón, Eucalipto, Neem, etc. ó repelentes sintéticos como: el DEET, Etilhexanediol, Indalone, etc. (Chávez y Rivas, 2003).

Un buen repelente de mosquitos debe cumplir con las siguientes propiedades:
- Eficacia repelente contra una o varias especies de insectos.
- Relativa no toxicidad y carencia de actividad alérgica.
- Duración del efecto adecuado a las circunstancias y su uso.
- Olor aceptable.
- Estabilidad en las condiciones de almacenamiento previstas.
- Aceptabilidad general cosmética y facilidad de aplicación (Olmedo *et al.*, 2003).

Insecticida

Producto destinado a la exterminación de las plagas e insectos. Las plantas a utilizar deben cumplir con ciertas características, no basta con que una planta sea considerada como prometedora o con probadas propiedades insecticidas. Además se deben hacer análisis de riesgos al medio ambiente y a la salud. De esta forma y con la finalidad de obtener el máximo provecho de una planta con propiedades insecticidas, sin que ello implique un deterioro al ecosistema, se han enlistado las características que debe tener la planta insecticida ideal:
- Ser perenne.
- Estar ampliamente distribuida y en grandes cantidades en la naturaleza, o bien que sepueda cultivar.
- Usar órganos de la planta renovables como hojas, flores o frutos.
- No ser destruida cada vez que se necesite recolectar material (evitar el uso de raíces ycortezas).
- Requerir poco espacio, manejo, agua y fertilización.

- Tener usos complementarios (como medicinales).
- No tener un alto valor económico.
- Ser efectiva a bajas dosis.

Generalidades de los mosquitos y su respuesta ante la acción repelente

A pesar de que no poseen una nariz para captar los olores, los insectos voladores utilizan las antenas localizadas en la cabeza para percibir y comunicarse, las antenas poseen células en forma de filamento o de placa con las que sienten el tacto, el sonido, la temperatura, la humedad, el olfato y el gusto. Los mosquitos y otros insectos voladores que se alimentan de sangre (tales como moscas/insectos negros y moscas/insectos de venados) son atraídos para hospedarse por olores de la piel y dióxido de carbono del aliento. Cuando un mosquito se acerca a un hospedador, los repelentes obstruyen el sensor (los sentidos) del insecto y confunde al insecto para que éste no pueda aterrizar y picar exitosamente al hospedador.

Cuando la persona se aplica el repelente, los solventes en la fórmula se evaporan y dejan el ingrediente activo sobre la piel. El repelente es efectivo mientras la sustancia activa se evapore lentamente y forme una barrera de olor sobre la piel.

Su olor interfiere con el mecanismo que atrae a los mosquitos, las moscas y demás insectos voladores a la piel humana, aunque todavía existen estudios para esclarecer si los repelentes encubren los atrayentes o si molestan el sentido del olfato del insecto (Daza y Flores, 2006).

Estudio de estabilidad

El estudio de estabilidad proporciona información que indica el grado de estabilidad relativa de un producto en las variadas condiciones a las que pueda estar sujeto desde su fabricación hasta su expiración. Esta estabilidad es relativa, pues varía con el tiempo y en función de factores que aceleran o retardan alteraciones en los parámetros del producto.

El estudio de estabilidad contribuye para:

- Orientar el desarrollo de la formulación y del material de acondicionamiento adecuado.
- Proporcionar ayuda para el perfeccionamiento de las formulaciones.
- Estimar el plazo de validez y proporcionar información para su confirmación.
- Auxiliar en el monitoreo de la estabilidad organoléptica, fisicoquímica y microbiológica, produciendo información sobre la confiabilidad y seguridad de los productos (Sabater y Mouselle, 2012).

Factores que influyen la estabilidad de un producto

Cada componente, activo o no, puede afectar la estabilidad de un producto. Variables relacionadas a la formulación, al proceso de fabricación, al material de acondicionamiento y a las condiciones ambientales y de transporte pueden influenciar en la estabilidad del producto. Conforme el origen, las alteraciones pueden ser clasificadas como extrínsecas, cuando son determinadas por factores externos; o intrínsecas, cuando son determinadas por factores inherentes a la formulación.

Factores extrínsecos

Se refieren a factores externos a los cuales el producto está expuesto, tales como:

- Tiempo: El envejecimiento del producto puede llevar a alteraciones en las características organolépticas, físico-químicas, microbiológicas y toxicológicas.

- Temperatura: Temperaturas elevadas aceleran reacciones fisicoquímicas y químicas, ocasionando alteraciones en: la actividad de componentes, viscosidad, aspecto, color y olor del producto. Bajas temperaturas aceleran posibles alteraciones físicas como turbiedad, precipitación, cristalización. Problemas generados, en función de temperaturas elevadas o muy bajas, también pueden ser resultantes de disconformidades en el proceso de fabricación, almacenamiento o transporte del producto.

- Luz y Oxígeno: luz ultravioleta, conjuntamente con el oxígeno, origina la formación de radicales libres y desencadena reacciones de óxido-reducción. Los productos sensibles a la acción de la luz deben ser acondicionados en lugares protegidos, en frascos opacos u oscuros y deben ser adicionadas substancias antioxidantes en la formulación, con el propósito de retardar el proceso oxidativo.

- Humedad: Este factor afecta principalmente las formas cosméticas sólidas como talco, jabón en barra, sombras, sales de baño, entre otras. Pueden ocurrir alteraciones en el aspecto físico del producto, volviéndolo blando, pegajoso, o modificando su peso o volumen, como también contaminación microbiológica.

- Material de Acondicionamiento: Los materiales utilizados para el acondicionamiento de los productos cosméticos, como vidrio, papel, metal y plástico pueden influenciar en la estabilidad. Deben ser efectuadas pruebas de compatibilidad entre el material de acondicionamiento y la formulación, con el propósito de determinar la mejor relación entre ellos.

- Microorganismos Los productos cosméticos más susceptibles a la contaminación son los que presentan agua en su formulación como emulsiones, geles, suspensiones o soluciones. La utilización de sistemas conservantes adecuados y validados (prueba de desafío del sistema conservante - Challenge Test), así como el cumplimiento de las Buenas Prácticas de Fabricación son necesarios para la conservación adecuada de las formulaciones.

- Vibración: durante el transporte puede afectar la estabilidad de las formulaciones, ocasionando separación de fases de emulsiones, compactación de suspensiones, alteración de la viscosidad entre otros. Un factor agravante del efecto de la vibración es la alteración de la temperatura durante el transporte del producto.

Factores intrínsecos

Son factores relacionados a la propia naturaleza de las formulaciones y sobre todo a la interacción de sus ingredientes entre sí y/o con el material de acondicionamiento. Resultan en incompatibilidades de naturaleza física o química que pueden, o no, ser visualizadas por el consumidor.

- Incompatibilidad Física: Ocurren alteraciones, en el aspecto físico de la formulación, observadas por: precipitación, separación de fases, cristalización, formación de grietas, entre otras.
- Incompatibilidad Química:

- pH: Se deben compatibilizar tres diferentes aspectos relacionados al valor del pH: estabilidad de los ingredientes de la formulación, eficacia y seguridad del producto.

- Reacciones de Óxido-Reducción: Ocurren procesos de oxidación o reducción llevando alteraciones de la actividad de las substancias activas, de las características organolépticas y físicas de las formulaciones.

- Reacciones de Hidrólisis: Suceden en la presencia del agua, siendo más sensibles las substancias con funciones éster y amida. Cuanto más elevado es el contenido de agua en la formulación, es más probable que se presente este tipo de reacción.

- Interacción entre los ingredientes de la formulación: Son reacciones químicas indeseables que pueden ocurrir entre ingredientes de la formulación anulando o alterando su actividad.

- Interacción entre ingredientes de la formulación y el material de acondicionamiento: Son alteraciones químicas que pueden acarrear modificación a nivel físico o químico entre los componentes del material de acondicionamiento y los ingredientes de la formulación (Sabater y Mouselle, 2012).

Aspectos considerados en la estabilidad de un producto

- Físicos: deben ser conservadas las propiedades físicas originales como aspecto, color, olor, uniformidad, entre otras.

- Químicos: deben ser mantenidos dentro de los límites especificados para la integridad de la estructura química, el contenido de ingredientes y otros parámetros

- Microbiológicos: deben ser conservadas las características microbiológicas, conforme los requisitos especificados. El cumplimiento de las Buenas Prácticas de Fabricación y los sistemas conservantes utilizados en la formulación pueden garantizar estas características (Sabater y Mouselle, 2012).

Situaciones en las que se debe evaluar la estabilidad de un producto

- Durante el desarrollo de nuevas formulaciones y de lotes-piloto de laboratorio y de fábrica.
- Cuando ocurran cambios significativos en el proceso de fabricación.
- Para validar nuevos equipamientos o proceso productivo.
- Cuando existan cambios significativos en las materias-primas del producto. Cuando ocurra un cambio significativo en el material de acondicionamiento que entra en contacto con el producto (Sabater y Mouselle, 2012).

Principios de las pruebas de estabilidad

Las pruebas deben ser conducidas bajo condiciones que permitan proporcionar informaciones sobre la estabilidad del producto en el menor tiempo posible, para lo cual, las muestras deben ser almacenadas en condiciones que aceleren los cambios posibles, de ocurrir durante el plazo de validez. Se debe estar atento para que estas condiciones no sean tan extremas que, en vez de acelerar el envejecimiento, provoquen alteraciones que no ocurrirían en el mercado. La secuencia sugerida de estudios (preliminares, acelerados y de anaquel) tienen por objetivo evaluar la formulación en etapas, buscando indicios que lleven a conclusiones sobre su estabilidad (Sabater y Mouselle, 2012).

Acondicionamiento de las muestras

Se recomienda que las muestras para evaluación de la estabilidad sean acondicionadas en un frasco de vidrio neutro y transparente, con tapa que garantice un buen cierre, evitando pérdida de gases o vapor para el medio. La cantidad de producto debe ser suficiente para las evaluaciones necesarias. Si existiera incompatibilidad conocida entre los componentes de la formulación y el vidrio, se debe seleccionar otro material de acondicionamiento. (Sabater y Mouselle, 2012).

Condiciones de almacenamiento

Para las pruebas de estabilidad, las condiciones más comunes de almacenamiento de las muestras son: temperatura (ambiente, elevada, baja), exposición a la luz y ciclos de congelamiento y descongelamiento.

- Temperatura ambiente: Muestras almacenadas a temperatura ambiente monitoreada.

  Temperaturas elevadas: Los límites de temperatura más frecuentemente practicados, durante el desarrollo de productos, son:

Estufa: T = (37 ± 20) °C

Estufa: T = (40 ± 20) °C

Estufa: T = (45 ± 20) °C

Estufa: T = (50 ± 20) °C

En estas condiciones, la incidencia de alteraciones físicoquímicas es frecuente y hasta esperada, por lo tanto los resultados obtenidos deben ser evaluados cuidadosamente.

Temperaturas bajas: Los límites de temperatura más utilizados, durante el desarrollo de productos, son:

Nevera: T = (5 ± 20) °C

Congelador: T = (-5 ± 20) °C o T = (-10 ± 20) °C

- Exposición a la radiación luminosa: Puede alterar significativamente el color y el olor del producto y llevar a la degradación de ingredientes de la formulación. Para la conducción del estudio, la fuente de iluminación puede ser la luz solar captada a través de vitrinas especiales para ese fin o focos que presenten espectro de emisión semejante al del Sol, como los focos de xenón. También son utilizadas fuentes de luz ultravioleta.

- Ciclos de congelamiento y descongelamiento: En esta condición las muestras son almacenadas en temperaturas alternadas, en intervalos regulares de tiempo. El número de ciclos es variable.

Límites sugeridos:

Ciclos de 24 horas a temperatura ambiente, y 24 horas a (–5 ± 20) °C.Ciclos de 24 horas a (40 ± 2) °C, y 24 horas a (4 ± 20) °C.

Ciclos de 24 horas a (45 ± 2) °C, y 24 horas a (–5 ± 20) °C.

Ciclos de 24 horas a (50 ± 2) °C, y 24 horas a (–5 ± 20) °C.

Evaluación de los parámetros del producto

Los parámetros a ser evaluados en los productos sometidos a pruebas de estabilidad deben ser definidos por el formulador e dependen de las características del producto en estudio y de los componentes utilizados en la formulación (Sabater y Mouselle, 2012).

Evaluación organoléptica

Las características organolépticas determinan los parámetros de aceptación del producto por el consumidor. De un modo general, se evalúan:

- Aspecto
- Color
- Olor
- Sabor
- Sensación al tacto

Evaluación físicoquímica

Es importante para estudiar alteraciones en la estructura de la formulación que no son comúnmente perceptibles a simple vista. Estos análisis pueden indicar problemas de estabilidad entre los ingredientes o resultado del proceso de fabricación. Los análisis físicoquímicos sugeridos son:

- Valor de pH
- Viscosidad

- Tamaño de la partícula
- Centrifugación
- Densidad
- Granulometría
- Conductividad eléctrica
- Humedad
- Contenido de activo, cuando sea el caso.

Cuando se considere necesario, hay diferentes técnicas analíticas que pueden ser utilizadas en la determinación cuantitativa de los componentes de la formulación, entre ellas:
- Ensayos por vía húmeda (metodologías diversas)
- Espectrofotometría de Ultravioleta-Visible (UV-Vis) e Infrarrojo (IV)
- Cromatografía (capa delgada, gaseosa y líquida de alta eficiencia)
- Electroforesis capilar, entre otras (Sabater y Mouselle, 2012).

Evaluación microbiológica

La evaluación microbiológica permite verificar si la elección del sistema conservante es adecuada, o si la incidencia de interacciones entre los componentes de la formulación podrá afectarle la eficacia. Las pruebas normalmente utilizadas son:
- Prueba de desafío del sistema conservante (Challenge Test)
- Conteo microbiano (Sabater y Mouselle, 2012).

Criterios para la aprobación de productos en estabilidad

La interpretación de los datos obtenidos durante el estudio de la Estabilidad depende de criterios establecidos, según la experiencia del formulador. Las muestras son evaluadas en comparación a la muestra-patrón y productos considerados "referencia", sometidos a las mismas condiciones de la prueba. Generalmente se definen límites de aceptación para los parámetros evaluados, y la muestra-patrón deberá permanecer inalterada durante toda la vida útil del producto. La correspondencia entre los datos y su interpretación debe ser relativa por considerar que, en la práctica, los objetivos y las características de cada producto o categoría son muy distintos.

En general, se consideran los siguientes criterios:

- Aspecto: el producto debe mantenerse íntegro durante toda la prueba, manteniendo su aspecto inicial en todas las condiciones, excepto en temperaturas elevadas, congelador o ciclos en los que pequeñas alteraciones son aceptables.

- Color y olor: deben permanecer estables por un período mínimo de 15 días a la luz solar. Pequeñas alteraciones son aceptables en temperaturas elevadas.

- Viscosidad: los límites de aceptación deben ser definidos por el formulador considerándose la percepción visual y sensorial resultante de alteraciones. Se debe considerar la posibilidad de que el consumidor también las reconozca.

- Compatibilidad con el material de acondicionamiento: se debe considerar la integridaddel embalaje y de la formulación, evaluándose el peso, el lacrado y la funcionalidad (Sabater y Mouselle, 2012).

Producción actual de repelentes en Venezuela

En el siguiente artículo emitido por el diario "El Nacional", el pasado 18 de septiembre del 2014, da a conocer la problemática que presenta la industria de repelentes en Venezuela, expresan:

"La producción de las fábricas de repelentes e insecticidas está a su mínima expresión en el último año. El presidente de la Asociación Venezolana de la Industria Química y Petroquímica, Juan Pablo Olalquiaga, dio a conocer que las plantas están operando a 12% de su capacidad instalada debido a la falta de materias primas e insumos.

La escasez de materiales es alarmante porque en los inventarios faltan los materiales nacionales e importados. «Con los brotes de enfermedades transmitidas por insectos que vivimos hoy en el país, es muy mal momento para tener tan escasa producción», afirmó.

Los insumos que se utilizan para elaborar el producto son 100% adquiridos en el exterior, pero las prolongadas demoras del gobierno en asignar las divisas al sector impiden que las empresas compren materiales y repongan los inventarios.

Los insumos para hacer los envases son comprados en el país. Sin embargo, también están escasos porque son suministrados por las empresas básicas (fabricantes de acero, hojalata y aluminio), cuya producción es insuficiente y no alcanza para satisfacer la demanda del sector industrial en general, apuntó que para enfrentar todos los costos fijos con 12 por ciento de producción es casi imposible y que eso obliga a subir los precios para poder mantener una estructura.

Ante el desabastecimiento de repelentes e insecticidas comerciales en el mercado venezolano, están difundiéndose algunas recetas caseras que, sin embargo, no son aptas para cualquier persona, especialmente para niños (Alfonso, 2014).

2. Materiales y Métodos
TIPO DE INVESTIGACIÓN

La investigación a emplear en el presente trabajo, en base a los objetivos propuestos es *proyectiva*, ya que está al alcance de proponer nuevos usos del aceite esencial de mastranto que indaga desde una perspectiva innovadora para el posible desarrollo de una industria nacional productora de repelentes naturales. Asimismo, basado en la naturaleza del trabajo propuesto, se ejecutará una investigación experimental con el fin de determinar las mejores condiciones del proceso de extracción y factores que pudiesen afectar la elaboración del producto final.

FASES METODOLÓGICAS

Actividades iniciales, revisión de la bibliográfica, estudio de trabajos anteriores similares que permita adquirir conocimiento sobre los procesos de extracción del aceite esencial de mastranto y de otros aceites a utilizar.

Evaluación de los mejores parámetros operacionales de los diferentes procesos de extracción de mastranto a partir de análisis de resultados de trabajos anteriores.

Extracción del aceite esencial de mastranto (H. suaveolens) mediante una planta tipo banco y por el método de extracción y destilación simultánea (EDS).

Caracterización del aceite esencial extraído de ambos métodos para luego analizar posibles formulaciones de repelentes de insectos voladores junto con una mezcla de otros aceites esenciales disponibles.

Evaluación del grado de repelencia del producto final contra insectos voladores.

Actividades finales, redacción del manuscrito, defensa trabajo especial de grado.

OPERACIONALIZACIÓN DE LOS OBJETIVOS

Obtención de la materia prima

Debido a la gran diversidad de regiones en Venezuela donde crece el mastranto la adquisición de la materia prima a utilizar no representó un problema para la investigación. Ahora bien, en este caso se escogió la región de los llanos específicamente el estado Guárico, donde la abundancia de esta especie es considerable y donde además no se han realizado estudios en el área en cuestión. El mastranto utilizado para el proceso de extracción se recolectó en el caserío "Tacalito" del municipio Pedro Zaraza del estado mencionado durante los meses de septiembre y octubre.

Acondicionamiento de la materia prima

Para llevar a cabo las corridas experimentales es necesaria la preparación del material vegetal a emplear. Una vez realizada la recolección se cortan los tallos de las ramas dejando solamente las hojas pues en relación al olor expedido es en esta zona donde está contenida la mayor cantidad de aceite esencial (Chacín *et al.*, 2004).

Para eliminar la humedad de las hojas y favorecer el proceso de extracción, se sometieron las mismas a una etapa de secado, este consistió en colocarlas sobre hojas de papel periódico en una superficie techada evitando así la incidencia directa de los rayos del sol. Este proceso se realizó por un período de 4 días aproximadamente.

Posteriormente se realizó un proceso de reducción de las hojas secas, triturando las mismas para permitir una mejor área de contacto entre esta y el agua que servirá como medio para la realización de la extracción.

Establecimiento de los parámetros operacionales óptimos para las extracciones arealizar.

Variables a manipular

Para establecer las mejores condiciones de operación es decir, aquellas que permitieran alcanzar el mayor rendimiento, se consultaron investigaciones previas donde se emplearon los mismos métodos de extracción empleados en el presente estudio, con el fin de establecer aquellas variables que hayan sido reportadas como significativas sobre el rendimiento.

En el caso de la destilación por arrastre con vapor usando la planta tipo banco, se escogió la cantidad de material vegetal y además, se decidió considerar como variable el flujo de vapor alimentado al sistema, para evaluar su influencia sobre el proceso y por medio de ensayos se estableció el rango que propiciaría las mejores condiciones de operación.

Por su parte, en la destilación extracción simultánea la bibliografía sugiere que las variables más importantes del proceso son el tamaño y cantidad de muestra, por lo que se escogieron estas variables para realizar las respectivas pruebas que permitieron establecer el rango de operación más adecuado para cada una de ellas y obtención posterior del máximo rendimiento en el proceso.

Selección del diseño experimental

El diseño factorial se hará a dos niveles (alto (+) y bajo (-)) para ambos métodos, utilizando las variables o factores establecidos en cada uno. La información obtenida de este tipo de experimentos es amplia, ya que permiten comparar los niveles de cada factor entre si y evaluar las interacciones que resulten como combinaciones de los factores, así como la comparación de niveles entre factores (Prat *et al.,* 2004).

Para la determinación de los rangos de operación se realizaron extracciones preliminares donde se evaluó la influencia de diferentes valores para cada factor establecido sobre el rendimiento obtenido, según lo reportado por Pérez *et al*; (2011) y Alcántara (2015).

Una vez que se estipularon los rangos a utilizar se definen las variables de respuesta y factores. En este caso ya se ha estipulado previamente la variable de respuesta y los factores influyentes, se aleatoriza la toma de datos, es decir estudiar la combinación de los factores a distintos niveles, llevando a cabo las diferentes extracciones calculando los efectos mediante algoritmo de signos para finalmente concluir acerca de los efectos de las variables y su comportamiento.

Evaluar los mejores parámetros operacionales para la obtención de aceiteesencial de mastranto (*H. suaveolens*) mediante una planta tipo banco.

Equipos involucrados

Reactor o alambique

Condensador

Baño refrigerante circulante

1 vaso florentino

1 frasco recolector

El equipo está formado de un reactor o alambique, donde se coloca el material a destilar, consiste de un tanque cilíndrico con una tapa que debe poder ser asegurada con cierre hermético; del centro de la tapa, sale un tubo llamado "cuello de cisne" que es el conductor de los vapores hacia el condensador.

En el fondo del mismo y debajo de la canasta o cesta, se encuentra la generación de vapor, además se encuentra una válvula de drenaje para permitir que el agua alimentada o condensada sea descargada fácilmente al final de la extracción. Además de esto consta de un separador o vaso florentino que se encarga de separar el aceite esencial obtenido del hidrolato que es el agua residual que se forma por condensación del vapor que ha atravesado la materia vegetal durante el proceso de obtención del aceite esencial por destilación por arrastre de vapor(Escobar; 2012)

Montaje y puesta en marcha del equipo

En primer lugar, se pesó la materia prima fresca, secada y cortada en trozos de un tamaño determinado, colocándolo en capas sobre rejillas metálica dentro de una cesta, se agregó agua hasta donde indica el nivel en el reactor (aproximadamente 7 L) garantizando que la resistencia de calentamiento quedara sumergida en el agua, se introdujo la cesta que contiene la muestra y se colocó la tapa del reactor, asegurando un cierre hermético que evitará fugas por la tapa.

Se realizó el montaje del equipo de extracción de arrastre con vapor a nivel piloto, registrando la temperatura inicial tanto en el reactor, como en el agua de enfriamiento que circuló por el condensador; considerando que el baño refrigerante circulante se encendió con anterioridad para asegurar su enfriamiento y buena circulación alrededor del condensador, se ajustó con pinzas el vaso florentino, de tal manera que soporte el peso de la mezcla agua-aceite condensada. Se encendió el equipo y se dejó calentar hasta ebullición que dio inicio a la obtención de la primera gota de destilado anotando el tiempo en que se recogió y la temperatura de los vapores en el tope del recipiente contenedor. Una vez iniciada la condensación y pasado el tiempo de extracción establecido en el diseño experimental, se dejó reposar durante 10 min la mezcla agua-aceite recolectada en el vaso florentino para que ocurriera la separación del agua con el aceite. Se descargó por la válvula de descarga del vaso florentino gota a gota, para asegurar que el aceite esencial no se quede adherido en la superficie del vaso recolector. La parte orgánica, se introdujo en un envase recolector donde se le añadió sulfato de sodio anhídrido para eliminar el remanente de agua que quedó luego de la decantación, el aceite extraído fue trasvasado a un envase que había sido pre-pesado, agregando un cristal de butilhidroxitolueno para evitar la oxidación del mismo, finalmente fue pesado el envase recolecto con el aceite (Escobar, 2011; Alcántara 2016).

Evaluar los mejores parámetros operacionales para la extracción de aceite esencial de mastranto (*H. suaveolens*) empleando el método de destilación y extracción simultánea (EDS).

Equipos involucrados

1 balón de dos entradas de 1000 mL

1 balón de 250 mL

Cuerpo de extracción destilación

1 Dedo frío

1 manta de calefacción

1 recipiente de metal ancho resistente a altas temperaturas. 1 plancha de calentamiento

1 soporte universal

2 mangueras

2 pinzas para soporte

2 tapones horadados

2 termómetros

1 tamiz

Baño refrigerante circulante.

Para el presente estudió se modificó el cuerpo de extracción del equipo Likens-Nickerson con el cual se contaba, con la finalidad de facilitar la recolección del aceite esencial luego de concluido el proceso de destilación y extracción simultánea. La modificación consistió en incorporarle una válvula de seguridad en la parte inferior de la curva donde ocurre la separación de las fases, aprovechando de esta manera la diferencia en cuanto a densidades y facilitando la recuperación del extracto en cuestión.

Montaje y puesta en marcha

Inicialmente se pesó el material vegetal previamente picado, se instaló el cuerpo de extracción destilación junto con el dedo frio en el soporte universal utilizando las pinzas de tres puntas y se incorporó el baño refrigerante circulante; se agregó el volumen de agua destilada y el material vegetal en un balón de 1000 mL y diclorometano en el balón de 250 mL, seguidamente se les colocó un tapón a cada uno. Al tubo U del equipo, se agregó diclorometano (25 mL) completando con agua destilada para lograr la interface hasta aproximadamente 1 cm antes del inicio de la zona de condensación, se incorporaron los balones al montaje colocando bajo estos el equipo de calefacción correspondiente. Se enciende el baño refrigerante circulante para asegurar su enfriamiento y la buena circulación alrededor del dedo frio manteniendo una temperatura alrededor de los 2 °C asegurando así la condensación del disolvente. Una vez encendida la manta de calentamiento y la plancha de calentamiento para el balón con material vegetal y para el baño del solvente respectivamente, se llevó el registro de temperatura, tomando el tiempo desde la caída de la primera gota de condensado, transcurrido el tiempo de extracción se dejó enfriar el equipo de 15 a 20 minutos.

Se retiró el extracto, la fase orgánica contenida en la "U" del equipo, deshidratándose con Na_2SO_4 y concentrándose por rotaevaporación. Una vez culminado este proceso se transfirió el aceite esencial obtenido en un envase ámbar limpio previamente pesado volviendo a pesar luego de añadido para conocer el volumen recolectado, se añadió un pequeño cristal de butilhidroxitolueno (BHT) para evitar la oxidación y se reservó en un espacio refrigerado.

Porcentaje de rendimiento

Una vez realizados los diferentes métodos de extracción, se debe conocer cada uno de los rendimientos de dichos procesos a fin de poder decidir cuál método de extracción produce una mayor cantidad de esencia que pueda ser utilizada posteriormente en la elaboración de un producto.

El porcentaje de rendimiento en cada una de las corridas realizadas se calculó de acuerdo con la siguiente ecuación:

$$\%Rend = \left(\frac{m_{EE} - m_{EV}}{m_M}\right) \times 100 \quad (Ec.\ 3.1)$$

Dónde:

%Rend: Porcentaje de rendimiento de la extracción (%).

m_{EV}: Masa del envase recolector vacio (g).

m_{EE}: Masa del envase recolector con el extracto (g).

m_M: Masa de la muestra (g).

Análisis de varianza

Se realizó un análisis de varianza para determinar el efecto individual de cada variable y evaluar la interacción de las mismas durante el proceso de extracción mediante el uso de un paquete estadístico.

Recursos de variación	Suma de cuadrados	Grados de libertad	Medias de cuadrados	Fo
Tratamiento A	SS_A	a-1	$MS_A = \dfrac{SS_A}{a-1}$	$F_O = \dfrac{MS_A}{MS_E}$
Tratamiento B	SS_B	b-1	$MS_B = \dfrac{SS_B}{b-1}$	$F_O = \dfrac{MS_B}{MS_E}$
Interacción	SS_{AB}	(a-1)(b-1)	$MS_{AB} = \dfrac{SS_{AB}}{(a-1)(b-1)}$	$F_O = \dfrac{MS_{AB}}{MS_E}$
Error	SS_E	ab(n-1)	$MS_E = \dfrac{SS_E}{ab(n-1)}$	
Total	SS_T	abn -1		

Tabla X Representación de un análisis de varianza aplicado a dos factores. (Montgomery, 1991)

El procedimiento ANOVA multifactorial está diseñado para construir un modelo estadístico describiendo el impacto de dos o más factores categóricos Xj de una variable dependiente Y. Se realizan pruebas para determinar si hay o no diferencias significativas entre las medias a diferentes niveles de los factores y si hay o no interacciones entre los factores. Además, los datos pueden desplegarse gráficamente de varias maneras, incluyendo un gráfico múltiple de dispersión, una gráfica de medias y una gráfica de interacciones. (Box *et al.*, 2008)

Caracterización del aceite esencial obtenido en la extracción de ambos métodos mediante análisis de cromatografía de gases con detector de espectrometría de masas, con el fin de conocer sus componentes

Para la identificación de los componentes presentes en la esencia de mastranto se realizó un análisis cromatográfico, la cual es una técnica que se usa para separar compuestos orgánicos volátiles. Implica el uso de una columna cromatográfica capilar, en cuyo inicio se inyecta cada muestra obtenida en los métodos de extracción de destilación por arrastre con vapor mediante una planta tipo banco y el método de extracción y destilación simultánea con una microjeringa (Guillén y Hernández, 2003).

Estos análisis se llevaron a cabo utilizando un cromatógrafo de gas de marca Agilent Technologies 7890A GC System, acoplado a un espectrómetro de masa, de la misma serie Agilent Technologies 5975C VL MSD, al cual se le inyectó 1µl de solución de aceite esencial diluido, utilizando como solvente n-hexano. (Escobar, 2012).

Características organolépticas

- Cambio de color, olor, aspecto.

En cuanto al aspecto se observaron visualmente las características de la muestra, verificando si ocurrieron modificaciones macroscópicas con relación al patrón establecido. El aspecto puede ser descrito como: granulado, polvo seco, polvo húmedo, cristalino, pasta, gel, fluido, viscoso, volátil, homogéneo, heterogéneo, transparente, opaco, lechoso, etc.

Se compara al color de la muestra con el del patrón establecido, en un frasco de especificación. Las fuentes de luz empleadas pueden ser luz blanca, natural o en cámaras especiales con diversos tipos de fuentes de luz.

Se compara el olor de la muestra directamente por medio del olfato. (Sabater y Mouselle, 2012)

Características fisicoquímicas

En el estudio de las propiedades fisicoquímicas son consideradas: densidad, pH, viscosidad e índice de refracción.

- Para la determinación del pH se utiliza un pHmetro, siguiendo los siguientes pasos:

1. Calibrar el pH-metro siguiendo las instrucciones dadas por el fabricante, normalmente a partir de un valor de diferencia de potencial. Se necesitan unas soluciones de referencia (llamadas patrones) de pH conocido, generalmente 4, 7 y 9 (aunque pueden variar) que son medidas antes de la muestra problema.

2. Medir el pH de la muestra y tomar nota del mismo.

- En la determinación de la densidad se utilizó un picnómetro y una balanza y la relación:

$$Densidad = \frac{Masa\ del\ picnómetro\ con\ la\ muestra - masa\ del\ picnómetro\ vacío}{} \qquad (Ec.\ 3.2)$$

$$volumen\ del\ picnómetro$$

En la determinación de índice de refracción esto se siguen los siguientes pasos:

Se conecta el equipo, se limpia y seca cuidadosamente la tapa y el prisma también antes de la calibración. Se colocan 1 o 2 gotas de agua destilada en el prisma. Se enciende la lámpara y se visualiza si el límite claro / oscuro, si no se encuentra en 0% (línea del agua), se ajusta con ayuda del tornillo de calibración. Una vez ajustado el equipo se repite el mismo procedimiento ahora con una porción de la muestra y se procede a leer el índice en la escala que muestra el equipo.

Analizar diferentes formulaciones de repelentes de insectos voladores usando el aceite esencial de mastranto (*H. suaveolens*), junto con una mezcla de otros aceites esenciales disponibles.

La formulación de la crema repelente consiste en una emulsión de aceite en agua (O/W), se realiza a través del análisis de la proporción de aceite adecuada para una base previamente seleccionada, caracterizándola para posteriormente realizarle pruebas de estabilidad y microbiológicas.

Para esto se utilizó una base formulada por laboratorios Fisa, ubicado en el Estado Miranda, el cual cumple con todas las características físicas y químicas; y a su vez con los parámetros dermatológicos y microbiológicos aptas para su experimentación en este trabajo de investigación. En las tablas Y y Z se muestran respectivamente la composición para realizar 2000 g de la crema base y las propiedades físicas de la misma.

Tabla Y Fórmula cuantitativa de la crema base utilizada en la fórmula de repelente

No.	Materias primas	% p/p	Función
	Fase A (Acuosa)		
1	Agua Desionizada	75,150	Vehiculo
2	Carbomer	0,400	Espesante
3	Glycerina	5,000	Agente Humectante
4	PropylParasept	0,150	Preservante
5	MethylParasept	0,350	Preservante
6	DMDM Hydantoin	0,400	Preservante
7	CetearylAlcoholCeteareht -20	2,000	Emulsificante
8	Polisurbato-60	1,000	Emulsificante
5	Propilen Glicol	2,000	Agente Humectante
	Fase B (Oleosa)		
6	CetearylAlcoholCeteareht -20	2,000	Emulsificante
7	Cetearyl Alcohol	4,000	Espesante
8	Aceite Mineral	3,000	Emoliente
9	Ciclomethicona	2,000	Emoliente
10	SorbitanSesquiolato	1,500	Emulsificante
	Fase C (Neutralización/Gelificación)		
11	Trietanolamina	0,750	Neutralizante
12	Fragancia Mandarina	0,300	Fragancia

Tabla Z Propiedades físicas de la crema repelente

Propiedades Físicas	Descripción
Color	Blanco
Olor	Mandarina dulce
AspectoTextura	Homogéneo
Extensibilidad	Suave, cremosa
	Buena

Como el repelente está fundamentado en el aceite esencial de mastranto se decidió que el total de productos aromáticos provenga de este aceite. Luego de ir añadiendo gota tras gota de aceite sobre una porción de crema, se agita la mezcla durante 15 minutos con ayuda de un agitador para obtener una mezcla homogénea de componentes, esto se debe realizar para cada una de las formulaciones.

Se evalúan diferentes proporciones aceite: base para determinar su influencia en el nivel de repelencia y elegir aquella cuya respuesta sea la más favorable.

Tabla ZZ Proporciones aceite:base evaludas en la formulación de repelente

Cantidad de aceite esencial (%)	Cantidad de Crema base (%)
1	99
5	95
7	93

Estudio de la estabilidad del producto:

Se realiza un estudio de estabilidad preliminar o a corto plazo, la cual permitirá estudiar la preservación de las propiedades físicas y químicas del producto a través del tiempo.

Se tomó una misma cantidad de producto a diferentes concentraciones y se escogió como material para el envase de almacenamiento el polietileno de alta densidad el cual será el recipiente de almacenamiento final, realizándose paralelamente la prueba de estabilidad entre formulación y material de acondicionamiento.

Se tomaron muestras del producto de las diferentes formulaciones establecidas y se sometieron a diferentes condiciones de estrés térmico, buscando acelerar el surgimiento de posibles señales de inestabilidad (Sabater y Mouselle, 2012).

Las condiciones tomadas fueron las siguientes:

- Estufa T: 37°C
- Nevera T: 5 °C
- Temperatura ambiente (28 °C)

Este ensayo se realiza por una semana y se verifica si durante este tiempo ocurre algún cambio físico o de olor, color y pH. Luego de esto las muestras son llevadas a una centrífuga con una velocidad angular de 3000 rpm durante 20 minutos y se observa si ocurre separación de fases (Sabater y Mouselle, 2012).

En el caso de la estabilidad de la formulación con el material de almacenamiento se tomaron en cuenta los siguientes parámetros:

- Alteraciones en la formulación, aspecto, color, olor, entre otros.
- Interacción y migración de componentes entre embalaje y producto.
- Porosidad al vapor de agua; transmisión de la luz.
- Deformaciones (colapsar o encorvar).

Esta prueba se va realizando conforme transcurre el tiempo estipulado para las pruebas de estabilidad preliminar (Sabater y Mouselle, 2012).

Pruebas microbiológicas

Uno de los aspectos fundamentales en la elaboración de todo producto farmacéutico o cosmetológico, es garantizar la calidad de los mismos lo cual implica asegurar que el producto no esté contaminado con microorganismos que puedan afectar su seguridad, eficacia, estabilidad y/o aceptabilidad. (Castro *et al*, 2004)

La presencia de microorganismos en estos productos es inaceptable por dos razones fundamentales:

- Un producto contaminado puede constituir un riesgo de infección para el usuario.
- La contaminación microbiana puede ocasionar el deterioro del producto.

El análisis se realiza según lo expuesto en la norma Covenin 2130:-84: "Cosméticos. Métodos microbiológicos" y según la resolución 1418 de límites de contenido microbiológico en productoscosméticos de la secretaria general de la comunidad andina.

El análisis consiste en lo siguiente:

- Preparación de la muestra:
  - Pesar 1 g de crema repelente y diluir en 100 mL de caldo peptonado estéril(medio

nutritivo)
- ➢ Incubar 2 h a 28 °C.

- Procesamiento:
  - ➢ Filtrar la solución en unidad de filtración acoplada a bomba de vacío sobre una membrana de 0,45 µL.
  - ➢ Colocar la membrana sobre medio de cultivo TGEA.
  - ➢ Incubar a 37°C por 48 h.

- Reporte de resultados.
  - ➢ Realizar el conteo de las ufc sobre la membrana y reportar ufc/100g.

Realización de pruebas del producto final para evaluar el grado derepelencia contra insectos voladores

Evaluación dermatológica

Se determina la sensibilidad en la piel, el método consiste en aplicar el producto en la espalda o el antebrazo de la persona, en una cantidad máxima de 4 gramos. Si el material es untuoso se coloca aproximadamente 0,4 g, en caso de líquidos o sólidos se coloca aproximadamente 0.5 mL o 0,5 g respectivamente

Se coloca encima un parche conformado por una mota de algodón y una tira de cinta adhesiva especial. Se aprecia la reacción local en la piel por la intensidad de la irritación producida transcurrido un intervalo de 24 horas, se repite la prueba y se observa.

En los casos de reacción positiva (presencia de eccemas, eritemas...), debe suspenderse la prueba inmediatamente. La prueba se repite dos veces dejando un día de por medio, se practica a un total de 10 personas voluntarias con diferentes tipos de piel. Se analizan los lugares de aplicación a las 24, 48, 72 horas de haberlo aplicado. (Casanova *et al.*, 2014; Espitia,2011).

Prueba de repelencia al producto final

Se realizó un monitoreo de la acción repelente del producto aplicándolo en la misma zona (antebrazo) por la mañana y por la tarde durante cinco días, a 15 personas voluntarias, en sitios previamente diagnosticados con incidencia de mosquitos, verificando en los sujetos de prueba si el producto ejerce su acción repelente. (Romero et al; 2003; Espitia, 2011).

Además de esto se realizó una encuesta a las personas participantes para determinar además, si las características organolépticas del mismo son aceptables y si causa algún efecto secundario. (Romero et al; 2003).

3. Resultados y Discusión

Evaluación de los mejores parámetros operacionales para la obtención de aceite esencial de mastranto (*H. suaveolens*) mediante una planta tipo banco.

Para la evaluación de los mejores parámetros operacionales se recurrió a la bibliografía para estudiar aquellas variables que hayan sido reportadas como significativas, así como los valores de las mismas que hayan tenido un impacto relevante sobre el proceso de extracción.

Alcántara, (2015) y Escobar, (2012) reportan un tiempo de extracción no mayor a 60 minutos puesto que luego de transcurrido este tiempo, no se obtiene una diferencia relevante sobre el rendimiento, basándose en que mientras mayor es el tiempo de extracción mayor es la cantidad de sustancias que se evaporan, no obstante, la alta volatilidad del aceite esencial de mastranto (*Hyptis suaveolens*) provocaría pérdida de aceite esencial y disminución del rendimiento durante la exposición a largos periodos de tiempo. (Matute y Quiroga, 2004).

Se decidió tomar en consideración las mejores combinaciones experimentales reportadas por Alcántara, (2015), bajo las mismas condiciones de operación (300 y 400 gramos durante una hora de extracción) pero incluyendo como variable el flujo de vapor que ingresa el sistema, a fin de evaluar la influencia que pueda tener este factor sobre el rendimiento lo cual puede ser una manera de conseguir optimizar el tiempo y el gasto de energía, así como de obtener una mayor cantidad de aceite a partir de esa técnica.

Para determinar los flujos de vapor a estudiar se incorporó al sistema un reóstato. Con el fin de cuantificar los flujos disponibles por cada nivel del reóstato se efectuaron corridas experimentales solo con agua, cuantificando el tiempo por cada nivel necesario para alcanzar un volumen determinado que en este caso se consideró como 25 mL de condensado.

Luego del barrido con los diferentes flujos de vapor de arrastre, se establecieron como valores para las pruebas experimentales los niveles 7 y 9 del reóstato correspondiente a 619,85 y 831,02 mL/h respectivamente, los cuales se consideraron como flujos mínimos óptimos en el alambique (sistema de destilación).

Los valores de flujo de vapor estudiados se muestran a continuación:

Tabla 1 Evaluación de los flujos de vapor por cada nivel del reóstato

Valor	Volumen (V ± 0,05) mL	Tiempo (t ± 1) s	Flujo de vapor (mll ± 0,001) mL/s	Flujo de vapor (mll ± 0,001) mL/min	Flujo promedio (mll ± 0,001) mL/min	Flujo promedio (mll ± 0001) mL/h
4	25,00	384	0,065	3,906		
4	25,00	360	0,069	4,167	4,132	247,914
4	25,00	347	0,072	4,323		
5	25,00	259	0,097	5,792		
5	25,00	288	0,087	5,208	5,553	333,204
5	25,00	265	0,094	5,660		
6	25,00	182	0,137	8,242		
6	25,00	195	0,128	7,692	7,916	474,931
6	25,00	192	0,130	7,813		
7	25,00	137	0,182	10,948		
7	25,00	143	0,174	10,490	10,331	619,851
7	25,00	157	0,159	9,554		
8	25,00	123	0,203	12,195		
8	25,00	125	0,200	12,000	12,097	725,838
8	25,00	124	0,202	12,097		
9	25,00	107	0,233	14,019		
9	25,00	107	0,234	14,019	13,850	831,018
9	25,00	111	0,225	13,514		
10	25,00	43	0,581	34,883		
10	25,00	44	0,568	34,091	34,896	2093,778
10	25,00	42	0,595	35,714		

Se realizaron combinaciones de la cantidad de material vegetal (300 y 400 g) y los flujos de vapor mencionados. Para estudiar el efecto de estos factores se implementó un diseño factorial del tipo 2^2.

Cuando se hacen mediciones duplicadas de respuesta, casi siempre hay información útil acercade algún aspecto de la variabilidad del proceso contenida en estas observaciones. (Montgomery, 2004).

Los efectos se definen con base en las tablas de tratamientos, como se presenta a continuación, siendo A la cantidad de material vegetal empleado y B el flujo de vapor.

Tabla 2 Tratamientos empleados para el diseño experimental

		B	
		b_0(bajo)	b_1(alto)
A	a_0(bajo)	$a_0 b_0$	$a_0 b_1$
	a_1(alto)	$a_1 b_0$	$a_1 b_1$

Los rendimientos que se obtienen para cada corrida experimental se muestran en la tabla 3, así como sus respectivas réplicas, se puede apreciar que el mayor rendimiento se obtiene para 300 gramos de hojas secas y un flujo de vapor de 831,02 mL/h obteniéndose un promedio de 0,31 %. La temperatura del fluido refrigerante estuvo en un rango entre 0 y 2 °C para el agua, y el vapor alcanzó un valor máximo de 96 °C.

Tabla 3 Resultados experimentales de las extracciones del aceite esencial de mastranto para las distintas combinaciones de niveles de las variables involucradas para la extracción por arrastre con vapor

Masa inicial de la muestra (mi ± 0,01) G	Flujo de vapor (Mv ± 0,001)mL/h	Masa del recolector vacío (mv ± 0,001) G	Masa del recolector lleno (mll ± 0,001)g	Masa de extracto obtenido (me ± 0,001)g	Porcentaje de rendimiento (%) Adim	Porcentaje de rendimiento promedio (%) Adim
400,043	619,851	22,948	23,826	0,878	0,2195	
400,050	619,851	8,129	9,175	1,046		
400,011	831,018	22,946	24,105	1,160	0,2615	0,2405
400,030	831,018	22,943	24,033	1,090	0,2899	
300,043	619,851	10,570	11,428	0,858	0,2724	0,2812
300,043	619,851	8,056	8,901	0,845	0,2859	
300,017	831,018	10,572	11,501	0,929	0,2818	0,2838
300,017	831,018	8,100	9,010	0,910		
					0,3096	
					0,3033	0,3065

Los resultados obtenidos bajo estas condiciones de estudio muestran una mejora en el comportamiento de la variable de respuesta, el rendimiento de la extracción, en comparación a lo reportado por la bibliografía usando la misma técnica. La velocidad y el grado de actividad de las moléculas es proporcional a la temperatura, entonces la velocidad del cambio de fase puede estar regida por la velocidad de transmisión de calor. (McCabe y Smith, 1978).

Tabla 4 Rendimiento obtenido en la extracción por arrastre con vapor del aceite de mastranto para la mejor combinación de variables

Masa inicial de la muestra (mi ±) g	flujo de vapor (Mv ±) mL/h	Masa del recolector vacío (mv ±) g	Masa del recolector lleno (mll ±) g	Masa de extracto obtenido (me ±) g	Porcentaje de rendimiento (%) Adim
300,011	831,018	8,055	8,998	0,943	0,314
300,010	831,018	8,090	9,012	0,922	0,307

Sucede que cuando la ebullición se produce mediante una superficie caliente sumergida, la temperatura de la masa del líquido es la misma que la temperatura de ebullición del líquido a la presión existente en el aparato. Las burbujas de vapor se generan en la superficie de calentamiento, ascienden a través de una masa de líquido y se rompen sobre la superficie del mismo. El vapor de agua se acumula en el espacio existente sobre el líquido. (Cengel y Ghajar, 2011). Este vapor denominado "vapor de arrastre" en este caso en realidad no arrastra al componente volátil, sino que cede su calor latente a la sustancia a destilar en este caso el material vegetal, para lograr su evaporación y posterior recuperación del extracto por condensado.

La velocidad del flujo de calor y aprovechamiento del mismo en el proceso depende de la distribución y la facilidad o el impedimento que pueda tener el mismo para circular a través de la sustancia con la cual realizara la transferencia de calor, a su vez depende de la velocidad a la que condensa el vapor y de la velocidad con la que se elimina el condensado. De lo anterior se puede explicar entonces el comportamiento de los rendimientos obtenidos al evaluar cargas de material vegetal distintas, pues como ya se explicó anteriormente es el vapor de agua el que lleva la energía necesaria para que ocurra el proceso de destilación, las hojas de mastranto en este caso pueden llegar a un punto en el que actúen como una barrera para el aprovechamiento o la transmisión de calor que es lo que permitirá que se exciten las moléculas y que se desprenda la secreción aromática. (Cengel y Ghajar, 2011)

No solo la cantidad de material empleado como puede observarse puede influir en el proceso sino también la energía inyectada al vapor; el efecto del sobrecalentamiento del vapor aumenta el coeficiente de convección y por lo tanto la transferencia de calor pero disminuye la cantidad del condensado (McCabe y Smith, 1978). En procesos donde se emplean compuestos volátiles de importancia, se debe controlar la temperatura para obtener un producto con alta pureza en la destilación, por lo que se debe garantizar que el vapor llegue con la energía y la cantidad requerida.

La presión de vapor del sistema durante la extracción es igual a la suma de las presiones de vapor de los componentes de la mezcla orgánica y del agua. Se obtuvieron como era de esperarse dos fases al condensarse los vapores, lo cual permitió la separación del agua y del producto fácilmente, se ayudó además a la separación con la adición de agua fría en el vaso florentino pues esto favoreció aún más la diferencia de densidades entre las fases.

La evaluación de los efectos de cada una de las variables participantes, se realizó por medio de un paquete estadístico y los resultados se muestran en la tabla 5.

Tabla 5 Análisis de Varianza para el rendimiento de la extracción de arrastre con vapor

Fuente	Suma de Cuadrados	Gl	Cuadrado Medio	Razón-F	Valor-P
A:Flujo de vapor	0,00201613	1	0,00201613	7,49	0,0521
B:Cantidad de material Vegetal	0,00241512	1	0,00241512	8,97	0,0401
AB	0,000171125	1	0,000171125	0,64	0,4699
Error total	0,0010765	4	0,000269125		
Total (corr.)	0,00567887	7			

R-cuadrada = 81,0438 porciento

R-cuadrada (ajustada por g.l.) = 66,8266 porcientoError

estándar del est. = 0,016405

Error absoluto medio = 0,008875

Las hipótesis planteadas para el análisis estadístico fueron las siguientes:

Ho: hipótesis nula Ha: hipótesis alternativa.

- Ho1: No hay efecto en el rendimiento de la extracción por variación de la cargaalimentada al sistema.

- Ha: Hay efecto en el rendimiento de la extracción por variación de la carga alimentada alsistema.

- Ho2: No hay efecto en el rendimiento de la extracción por variación del flujo de vapor alimentado al sistema.

- Ha: hay efecto en el rendimiento de la extracción por variación del flujo de vapor alimentado al sistema.

- Ho3: No hay interacción entre la carga alimentada y el flujo de vapor en el rendimiento de la extracción.

- Ha: Hay interacción entre la carga alimentada y el flujo de vapor en el rendimiento de la extracción.

El ANOVA muestra un valor p para las variables individuales menor al nivel de significancia escogido (0,05) es decir que no son significativamente estadísticos, lo que quiere decir que se rechaza la hipótesis nula la cantidad de material alimentado y el flujo de vapor afectan el valor del rendimiento, más por el contrario la interacción entre estos factores sobre la variable estudiada no puede rechazarse pues la probabilidad de que las combinaciones entre la carga alimentada y el flujo de vapor tenga una influencia en el proceso no entra en el intervalo de rechazo. No se puede rechazar la hipótesis nula planteada y la interacción entre estos factores se considera estadísticamente significativa (Box *et al.*, 2008).

En la Figura 1 se observa el diagrama de Pareto, donde se refleja que el flujo de vapor no tiene influencia en el rendimiento, ni la interacción cantidad-flujo. La influencia significativa es la cantidad de material vegetal.

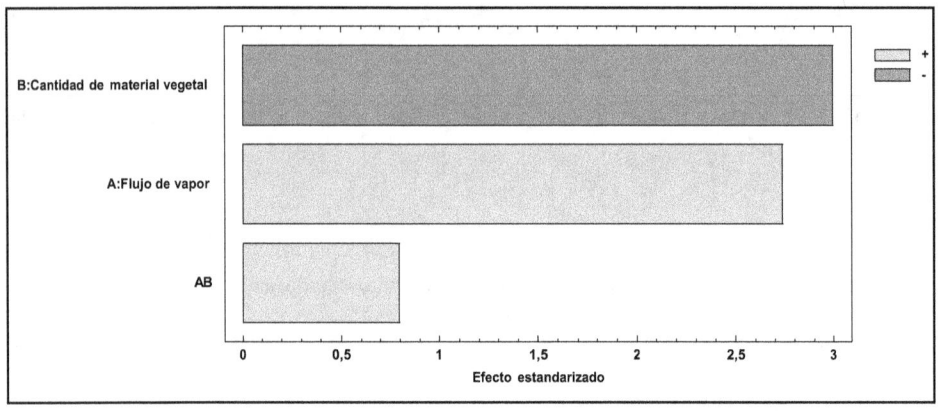

Figura 1 Diagrama de Pareto estandarizado para rendimiento para método de arrastre con vapor.

El paquete estadístico genera una supuesta superficie de respuesta ajustada a los datos que se obtienen en la Tabla 6, correspondientes al diseño factorial, esta superficie generada por el programa se puede observar en la Figura 2. Con la superficie de respuesta se establecen los valores de los factores que optimizan del valor de la variable respuesta, que en este caso el porcentaje de rendimiento en la extracción del aceite esencial de mastranto por arrastre con vapor. En base al análisis de los datos, sugiere las siguientes condiciones como mejores para el proceso de extracción con arrastre por vapor, flujo de vapor 831,018 mL/h (1) y cantidad o carga del material vegetal 300g (-1), el cual genera un rendimiento de 0,31%.

Tabla 6 Arreglo de los factores para la construcción para la construcción de la superficie de respuesta de la extracción de arrastre con vapor

Bloque	Flujo de vapor (mL/h)	Carga de material vegetal (g)	Rendimiento (%)
1	-1	1	0,2195
1	-1	1	0,2615
1	1	1	0,2899
1	1	1	0,2724
2	-1	-1	0,2859
2	-1	-1	0,2818
2	1	-1	0,3096
2	1	-1	0,3033
1	-1	1	0,2195
1	-1	1	0,2615

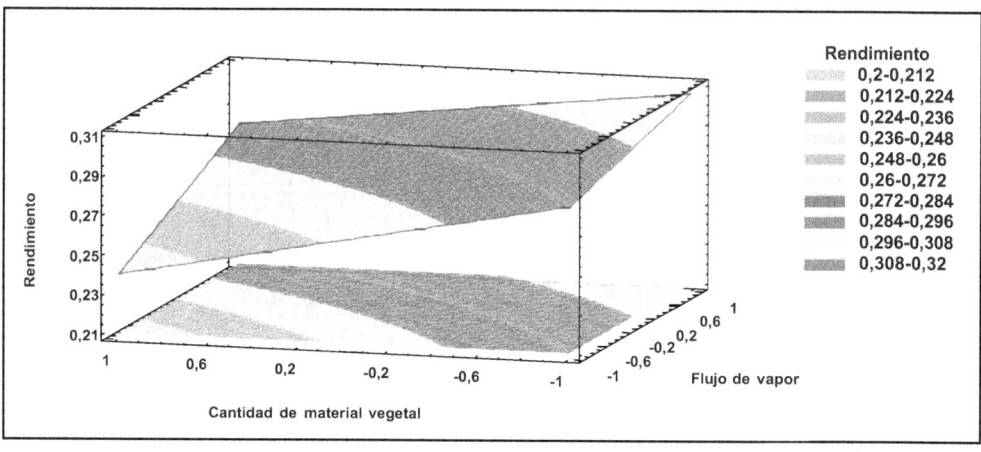

Figura 2 Superficie de respuesta estimada para el método de arrastre con vapor.

Las gráficas en cuestión permiten determinar si se cumplen los principales supuestos de cuadrados mínimos ordinarios, los cuales son:

a. La varianza de los errores debe ser homocedastica. (la varianza de los errores esconstante)
b. Las variables explicativas deben ser ortogonales a los residuos, es decir, no comparten información.
c. Los errores no deben estar correlacionados entre sí

Si se satisfacen estos supuestos, entonces la regresión de cuadrados mínimos ordinarios producirá estimaciones de coeficientes en concordancia con la varianza mínima.

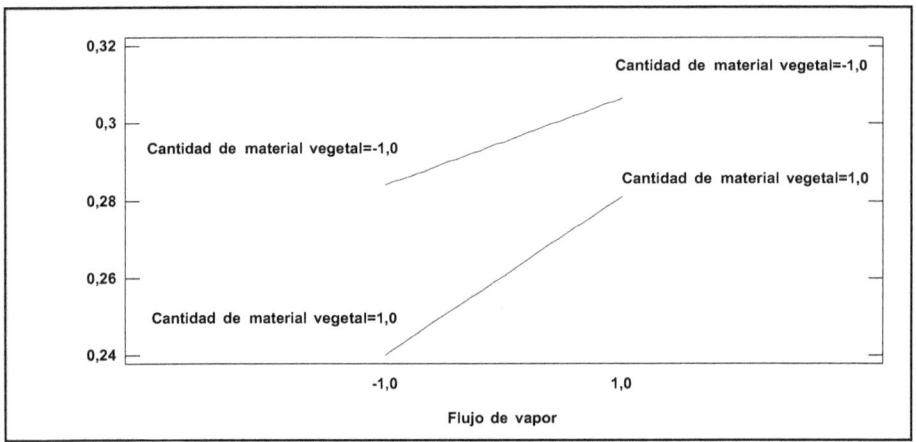

Figura 3 Tendencia de la interacción entre los factores para el rendimiento de la extracción de arrastrecon vapor

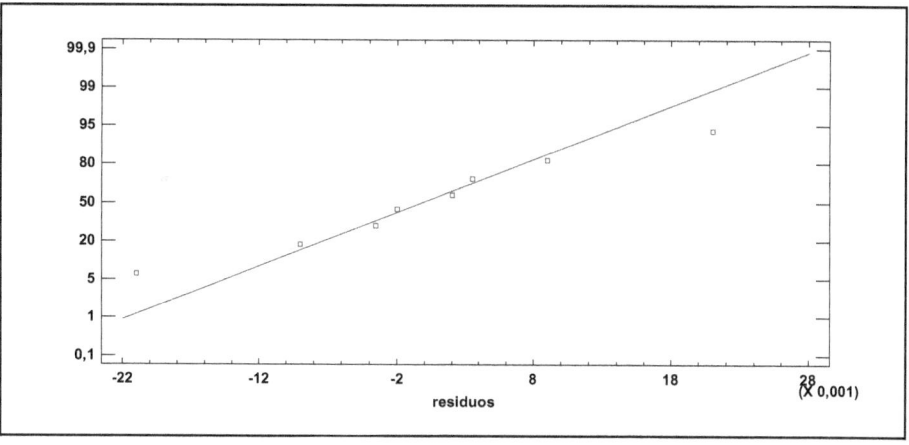

Figura 4 Representación de la distribución normal para la extracción de arrastre con vapor

En el histograma de residuos se observa que los datos son asimétricos y que son escasos los valores atípicos en los datos. La gráfica normal de residuos muestra que los residuos están normalmente distribuidos. La grafica de los residuos vs los ajustes permite verificar el supuesto de que los residuos tienen varianza constante y por su parte la gráfica de residuos versus orden corrobora el supuesto de que los residuos no están correlacionados entre sí. Con esto se verifica la veracidad de los resultados obtenidos en el análisis estadístico.

Evaluación de los mejores parámetros operacionales para la extracción de aceite esencial de mastranto (*H. suaveolens*) empleando el método de extracción y destilación simultánea (EDS)

La destilación-extracción simultánea es una técnica donde se retiran de la muestra los analitos del aroma por medio de vapor de agua, los analitos son transferidos a la fase orgánica cuando ocurre la condensación simultánea de los líquidos, la fase acuosa y la fase orgánica son separadas en el cuerpo de extracción y cada una regresa a su recipiente por lo que se da un reflujo continuo, Para la selección del solvente de extracción y la cantidad a emplear del mismo las investigaciones consultadas recomiendan en primer lugar, que el punto de ebullición del mismo sea lo más bajo posible con lo que se va a conseguir que la temperatura del balón donde se encuentre sea lo suficientemente baja para evitar problemas con los volátiles ya extraídos los cuales son muy sensibles a cambios de temperatura elevados (Guadayol, 1994), por otro lado se recomienda poca cantidad de solvente debido a la configuración del equipo, al reciclo que ocurrirá a medida que se vaya desarrollando el proceso que propiciara que la muestra quede concentrada en los volátiles extraídos.

Ahora bien, además de esto, se tiene que tener en consideración la configuración del equipo con la que se está trabajando, en este caso se trabaja con una disposición para solventes más densos que el agua y se prefieren los hidrocarburos alifáticos, alifáticos halogenados, alicíclicos, aromáticos, entre los que se destacan: diclorometano, pentano, tricloroetano y éter dietilco (Castellanos, 2014).

Se escogió trabajar con el diclorometano por su bajo punto de ebullición, lo que permite además una fácil recuperación del solvente por medio de una rotoevaporación debido a la significativa diferencia entre este y el punto de ebullición de los componentes volátiles presentes en el aceite esencial, además de esto por la disponibilidad del mismo al momento de realizar las experiencias prácticas. El volumen seleccionado para realizar cada una de las pruebas fue de 50 mL, divididos entre el cuerpo extractor o "U" (20mL) y el balón de recolección (30mL).

En la tabla 7 se muestran las propiedades del solvente empleado:

Tabla 7 Propiedades fisicoquímicas del diclorometano

Propiedad	Valor
Fórmula	CH_2Cl_2
Peso molecular, g/gmol	84,93
Punto de ebullición, °C	39,6
Punto de fusión, °C	-96,7
Densidad, g/mL	1,33
Presión de vapor, kPa	47,4 @ 20 °C
Temperatura de autoignición, °C	556

Una vez acondicionadas las hojas, es decir que se hayan pasado por la fase de secado para retirar la mayor cantidad de humedad, se procedió a escoger los tamaños de las hojas a utilizar estos fueron tres rangos: 1-2 mm, 2-4mm y 5-10mm, esto se hizo cortando las hojas manualmente y haciéndolas pasar por tamices con los rangos mencionados.

Los tamaños a estudiar se seleccionaron tomando en cuenta la bibliografía, entre estas, Castellanos, (2014) y Pérez et al., (2011), estos recomiendan un tamaño de muestra que permita el mayor contacto entre el material vegetal empleado y el agua, para que los vapores desprendidos se encuentren más enriquecidos en los componentes a extraer. El último, en su estudio de extracción de aceite esencial de mastranto por medio de arrastre con vapor reporta como tamaño más apropiado para el proceso 2mm, debido a que en el balón donde se dispone la muestra ocurre un proceso similar, una hidrodestilación, se decidió incluir este valor así como también tamaños de partículas inferiores y superiores para estudiar el comportamiento del proceso bajo estos cambios. Se escogieron además tres cargas 20, 35 y 50 gramos, para estudiar la influencia que tiene la capacidad del sistema sobre el proceso de extracción.

Se estableció un tiempo de extracción de 60 min, el cual garantiza un buen desenvolvimiento de las condiciones de operación del sistema, pues a tiempos mayores no se reportan variaciones considerables sobre el rendimiento, evitando además las altas temperaturas porque se puede inducir a la formación de compuestos por transformación térmica, así como variación de las concentraciones de otros presentes. (Duque y Morales; 2005).La temperatura para el agua de enfriamiento estuvo en un rango entre 0-2°C y la del baño alrededor de los 48°C.

Los rendimientos que se obtienen para cada corrida experimental se muestran en la tabla 7, así como sus respectivas réplicas, se puede apreciar que el mayor rendimiento se obtiene para 20 gramos de hojas secas y un tamaño de muestra de 1-2mm obteniéndose un rendimiento promedio de 0,4%. El comportamiento que presenta esta combinación coincide con la encontrado en la bibliografía en la cual se establece que aunque la reducción de tamaño aumenta el área superficial y por ende el área de contacto para la transferencia de masa propicia la formación de grumos (nódulo) y disminuye el rendimiento ya que las de menor tamaño quedan apelmazadas impidiendo el paso del vapor de arrastre.

Tabla 8 Resultados experimentales de las extracciones del aceite esencial de mastranto para lasdistintas combinaciones de niveles de las variables involucradas en la extracción-destilación simultánea

Masa inicial de la muestra $(m_i \pm 0{,}001)$ g	Tamaño de la muestra $(T_m \pm 1)$ mm	Masa del recolector vacío $(m_v \pm 0{,}001)$ g	Masa del recolector lleno $(m_{ll} \pm 0{,}001)$ g	Masa de extracto obtenido $(m_e \pm 0{,}001)$ g	Porcentaje de rendimiento (%) Adim

20,100	1-2	106,253	106,290	0,037	0,1841
20,009	1-2	73,034	73,089	0,055	0,4885
20,063	2-4	72,970	73,068	0,098	0,4299
20,009	2-4	106,296	106,373	0,077	0,0943
20,003	5-10	72,956	73,042	0,086	0,2286
20,005	5-10	64,942	65,022	0,080	0,1828
35,002	1-2	50,002	50,035	0,033	0,1198
35,013	1-2	106,259	106,348	0,089	0,1440
35,001	2-4	72,969	73,049	0,080	0,0940
35,010	2-4	72,968	73,060	0,092	0,2749
35,002	5-10	106,264	106,328	0,064	0,3848
35,011	5-10	64,874	64,945	0,071	0,3999
50,095	1-2	72,973	73,033	0,060	0,2542
50,095	1-2	106,253	106,306	0,053	0,2628
50,001	2-4	106,253	106,325	0,072	0,2028
50,018	2-4	106,296	106,418	0,122	0,1058
50,005	5-10	72,969	73,016	0,047	0,2439
50,024	5-10	73,034	73,141	0,107	0,2139

Aunado a esto, al estudiar la cantidad de material que se alimenta al proceso, se pudo constatar cómo, a medida que se incrementa la carga de material vegetal, existe una tendencia de decrecimiento sobre el rendimiento, esto debido a que se satura la capacidad del sistema para esta configuración, propiciando una resistencia adicional al flujo correcto de vapor y creando una sobrepresión que genera un proceso inestable, pues el material vegetal junto con el agua tiende en ocasiones a salir expulsado una vez que la última entraba en ebullición, esto cuando el balón dispuesto para ello se encuentra lleno en su mayoría, teniendo pérdida de materia prima y del ensayo en general. Es imprescindible entonces que el recipiente dispuesto para el material vegetal no esté lleno en su totalidad para que ocurra una buena recirculación del agua de extracción favoreciendo el desarrollo del proceso.

Para estudiar el efecto de las variables involucradas en el proceso se realizó un diseño factorial 3^k con k = 2. Se representan los niveles como alto, intermedio y bajo, considerando los niveles para la carga alimentada 20, 35 y 50 gramos y para el caso del tamaño para el material vegetal 1-2 mm, 2-4mm y 5-10mm respectivamente.

Este diseño es una de las alternativas experimentales que permite estudiar efectos de curvatura, además de efectos lineales y de interacción. Puesto que están presentes $3^2 = 9$ combinaciones de tratamientos, hay 8 grados de libertad entre estas; 2 para cada factor y 4 para la interacción entre estos. (Montgomery, 2004).

De manera gráfica estas tendencias se visualizan en las figuras 5 y 6

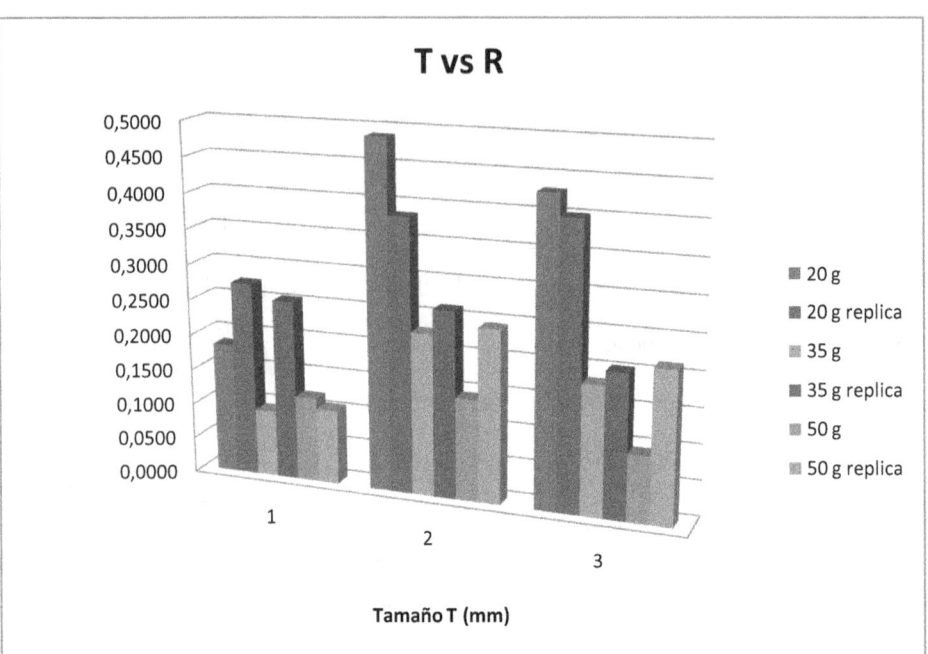

Figura 5. Comportamiento del rendimiento de acuerdo al tamaño de la muestra

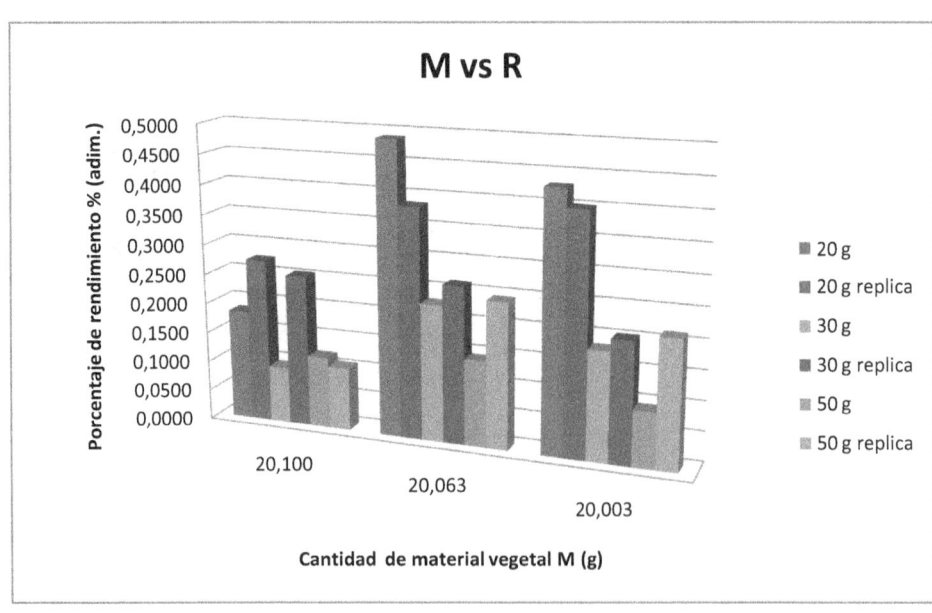

Figura 6. Comportamiento del rendimiento de acuerdo a la cantidad de material alimentada

El modelo estadístico para el diseño 3^2 se puede escribir considerando el efecto individual de cada factor y de la interacción entre ambos, las hipótesis a evaluar en este método son las siguientes:

Ho: hipótesis nula Ha: hipótesis alternativa

- Ho1: No hay efecto en el rendimiento de la extracción por variación de la carga alimentada al sistema.

- Ha: Hay efecto en el rendimiento de la extracción por variación de la cargaalimentada al sistema.

- Ho2: No hay efecto en el rendimiento de la extracción por variación del tamaño del material vegetal.

- Ha: hay efecto en el rendimiento de la extracción por variación del tamaño delmaterial vegetal.

- Ho3: No hay interacción entre la carga alimentada y el tamaño del material vegetalen el rendimiento de la extracción.

- Ha: Hay interacción entre la carga alimentada y el tamaño del material vegetal en el rendimiento de la extracción.

Estas hipótesis se juzgaron con la aplicación de un ANOVA, realizado por un paquete estadístico y los resultados se muestran en la tabla 9.

Tabla 9 Análisis de Varianza para el rendimiento de la extracción destilación simultánea

Fuente	Suma de Cuadrados	Gl	Cuadrado Medio	Razón-F	Valor-P
A:Tamaño de material	0,0210267	1	0,0210267	5,46	0,0394
B:cantidad de material vegetal	0,0235338	1	0,0235338	6,11	0,0310
AA	0,0250167	1	0,0250167	6,50	0,0271
AB	0,0104401	1	0,0104401	2,71	0,1279
BB	0,0110951	1	0,0110951	2,88	0,1177
bloques	0,0018006	1	0,0018006	0,47	0,5083
Error total	0,0423685	11	0,00385168		
Total (corr.)	0,238944	17			

R-cuadrada = 82,2685 %

R-cuadrada (ajustada por g.l.) = 72,5967%

Error estándar del est. = 0,0620619

Error absoluto medio = 0,0398263

En la figura 7 se puede observar lo que muestra la tabla del análisis de varianza, la línea vertical indica que los dos factores seleccionados como variables independientes influyen en el proceso mas no la interacción entre ellas.

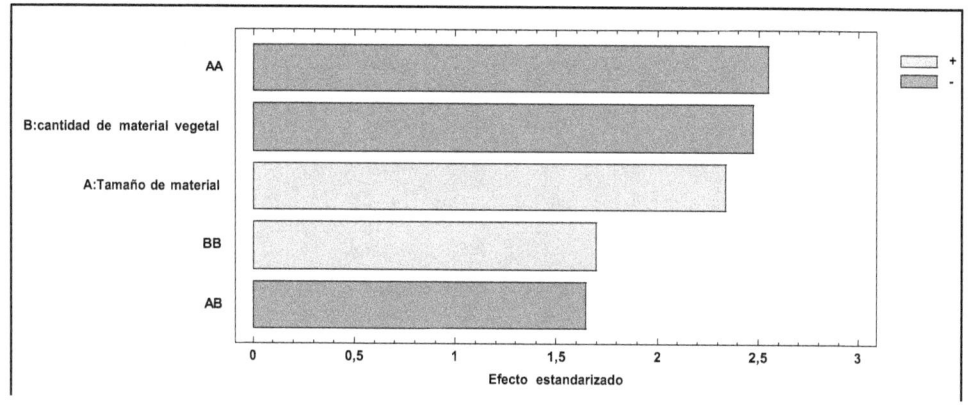

Figura 7 Diagrama de Pareto estandarizado para rendimiento para método de extracción destilación simultánea

Con los resultados del ANOVA se evidencian los factores influyentes de acuerdo al valor del nivel de significancia; si este es menor al 5%, existe la posibilidad de que los factores sean significativos sobre el proceso. En el caso del efecto de carga y tamaño sobre el rendimiento, la hipótesis nula planteada para cada caso puede ser rechazada, es decir la cantidad de material alimentado tienen un efecto estadísticamente significativo sobre el rendimiento, de igual manera el tamaño de material vegetal empleado. No obstante en la interacción de estos dos factores el valor del nivel de significancia no es lo suficientemente pequeño como para rechazar esta aseveración, la hipótesis no es necesariamente verdadera pero si plausible, es decir admite aprobación o justificación.

Tabla 10 Arreglo de los factores para la construcción para la construcción de la superficie de respuestade la extracción destilación simultánea

Bloque	Tamaño (mm)	Cantidad (g)	Rendimiento (%)
1	-1	-1	0,1841
1	-1	-1	0,4885
1	0	-1	0,4299
1	0	-1	0,0943
1	1	-1	0,2286
1	1	-1	0,1828
1	-1	0	0,1198
1	-1	0	0,1440
1	0	0	0,0940
2	0	0	0,2749
2	1	0	0,3848
2	1	0	0,3999
2	-1	1	0,2542
2	-1	1	0,2628
2	0	1	0,2028
2	0	1	0,1058

2	1	1	0,2439
2	1	1	0,2139

En la figura 8 se evidencia que el diseño que más se ajusta para la construcción de la superficie de respuesta es de segundo orden. En base al análisis del ajuste de las variables en la Tabla 10, tienen como condiciones óptimas para el proceso de extracción donde se emplea el uso de disolvente orgánico, tamaño del material suministrado al sistema entre 1-2 mm (-1) y cantidad del material vegetal 20g (-1), presentando un rendimiento de 0,49%.

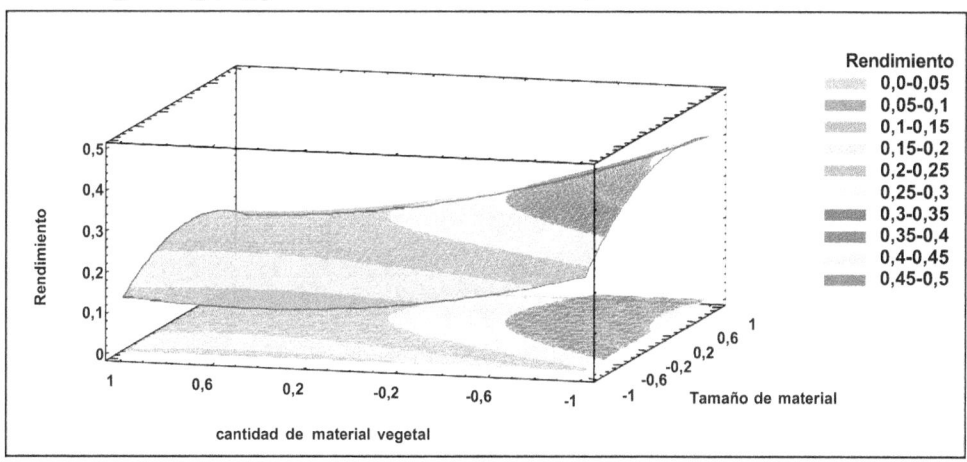

Figura 8 Superficie de respuesta estimada para el método de extracción destilación simultánea

Nuevamente para sustentar lo mostrado en el ANOVA se presentan los gráficos de residuos, encontrados en el apéndice C. El gráfico de probabilidad normal muestra el comportamiento de los datos con respecto a una regresión lineal y su adaptación al modelo factorial que se analiza. Se muestran los datos de una forma tal que si los datos son normales aparecen alineados. En este caso se obtiene lo que indica que la hipótesis de normalidad en el error experimental puede ser aceptada.

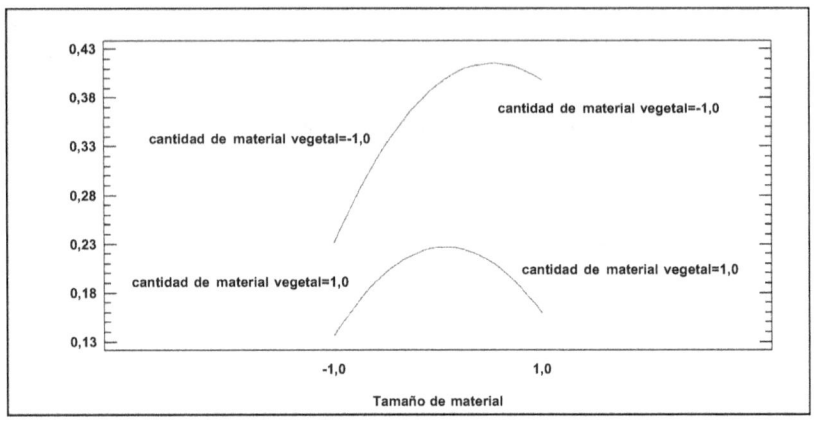

Figura 9 Tendencia de la interacción entre los factores para el rendimiento de la extracción destilaciónsimultánea

El gráfico residuos vs valores predichos detecta si existe una relación no lineal entre X y Y también si la varianza de los residuos es constante. Lo ideal sería que la nube de puntos del gráfico fuese un conjunto de números aleatorios, es decir que no se observe ninguna tendencia en los puntos. Los datos en este análisis cumplen con aleatoriedad. Lo señalado anteriormente sirve de base para afirmar los resultados del modelo estadístico, se considera a la carga de material vegetal y el tamaño del mismo como variables influyentes en el rendimiento del proceso de extracción.

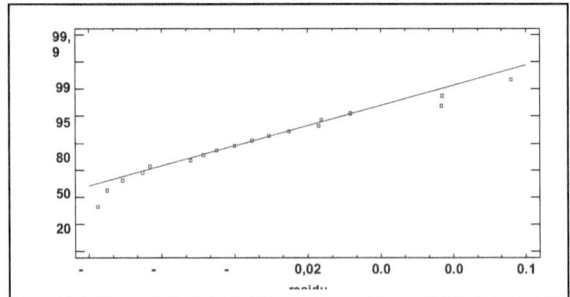

Figura 10 Representación de la distribución normal para la extracción destilación simultánea

Caracterización del aceite esencial obtenido en la extracción de ambos métodos mediante análisis de cromatografía de gases con detector de espectrometría de masas, con el fin de conocer sus componentes

Caracterización de los componentes aromáticos del aceite esencial

La identificación de los componentes del aceite esencial del mastranto se realizó mediante el análisis por cromatografía de gases acoplado a un detector de masa (CG-EM), en la Figura 11 y 12 se observan los cromatogramas realizados para cada tipo de extracción. El tamaño de un pico corresponde con la cantidad de compuesto en la muestra. Así que cuanto más aumente la concentración de un compuesto, mayor será el pico obtenido. El tiempo de retención es el tiempo que un compuesto tarda en recorrer la columna. El tamaño de pico y el tiempo de retención sirven para determinar la cantidad y calidad de un compuesto respectivamente (Alcántara, 2015).

En la selección de la columna capilar para el análisis se toma en cuenta las fases estacionarias de interacción dipolar debido a que estas son aptas para muestras con compuestos que tienen estructuras base o centrales a las que se conectan diversos grupos en varias posiciones. Entre ellos los aromáticos, los halogenuros, los pesticidas y los fármacos. Solo las fuertes interacciones dipolo en la fase estacionaria pueden proporcionar una separación cromatográfica para estos tipos de compuestos (Alcántara, 2015).

En la Tabla 11 se presenta la composición porcentual de los diferentes componentes identificados en el análisis cromatográfico del aceite esencial del mastranto extraído por diferentes métodos. En términos generales, los componentes hallados no presentaron gran discrepancia entre los métodos solo difieren en el porcentaje de área. De forma notoria la cantidad de los aromáticos en la extracción y destilación simultánea se encuentra en menor proporción, esto se debe a que este método requiere de un solvente, a pesar que se hizo uso de técnicas de separación al final del proceso es probable que queden trazas del mismo, ya que parte del aceite quedaba adherido en las paredes del balón, lo cual dificultó su recolección y se tuvo que emplear hasta 2mL de hexano para lograr la remoción y recopilar el aceite, esta cantidad de solvente fue detectada y cuantificada por el equipo, lo que hace que los componentes aromáticos se hallen en menor proporción.

Tabla 11 Principales componentes aromáticos obtenidos del aceite esencial de mastranto extraído por diferentes métodos

Componentes	Porcentaje de área (area ± 0,01) %	
	Tipo banco	EDS
Cariofileno	3,87	3,27
δ-3-careno	4,30	
Germacreno	3,07	
α-pineno	1,43	
β-pineno	1,44	
Limoneno	4,09	1,18
Eucaliptol	15,13	7,63

γ-elemeno	3,29	0,10
α-cariofileno	0,46	0,54
1,4 ciclohexadieno	1,85	0,84
α-cubebeno	0,54	0,54
L-fenchona	24,56	17,68
Espatulenol	7,14	
β-filandreno	6,66	1,31
Terpineol	1,01	
Isoborneol	1,84	0,38
Eugenol	1,79	0,10
Azuleno	0,25	0,09
Biciclogermacreno		1,76
β-guaieno		0,42

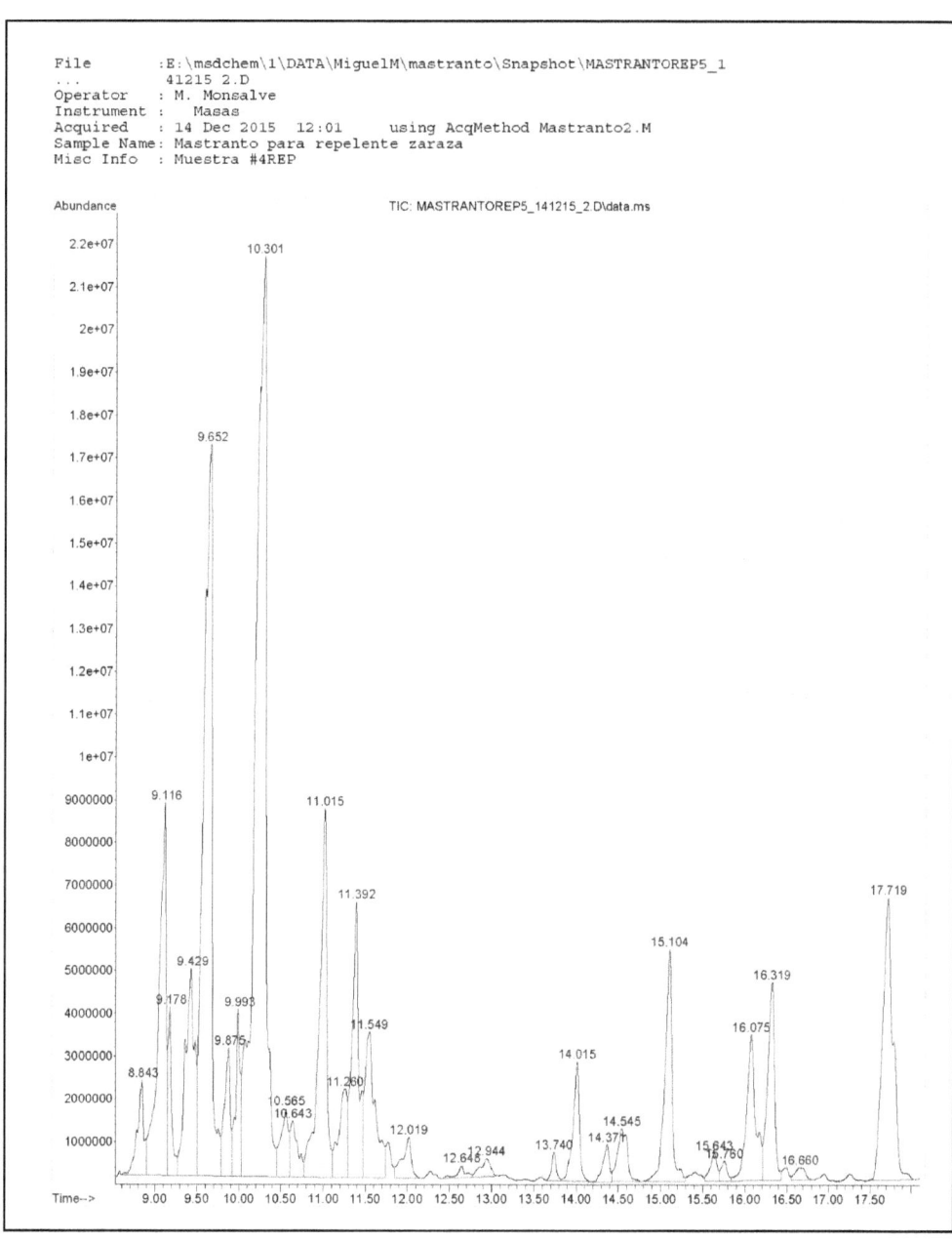

Figura 11. Cromatograma del aceite esencial de mastranto (*H. suaveolens*) empleando la planta tipobanco

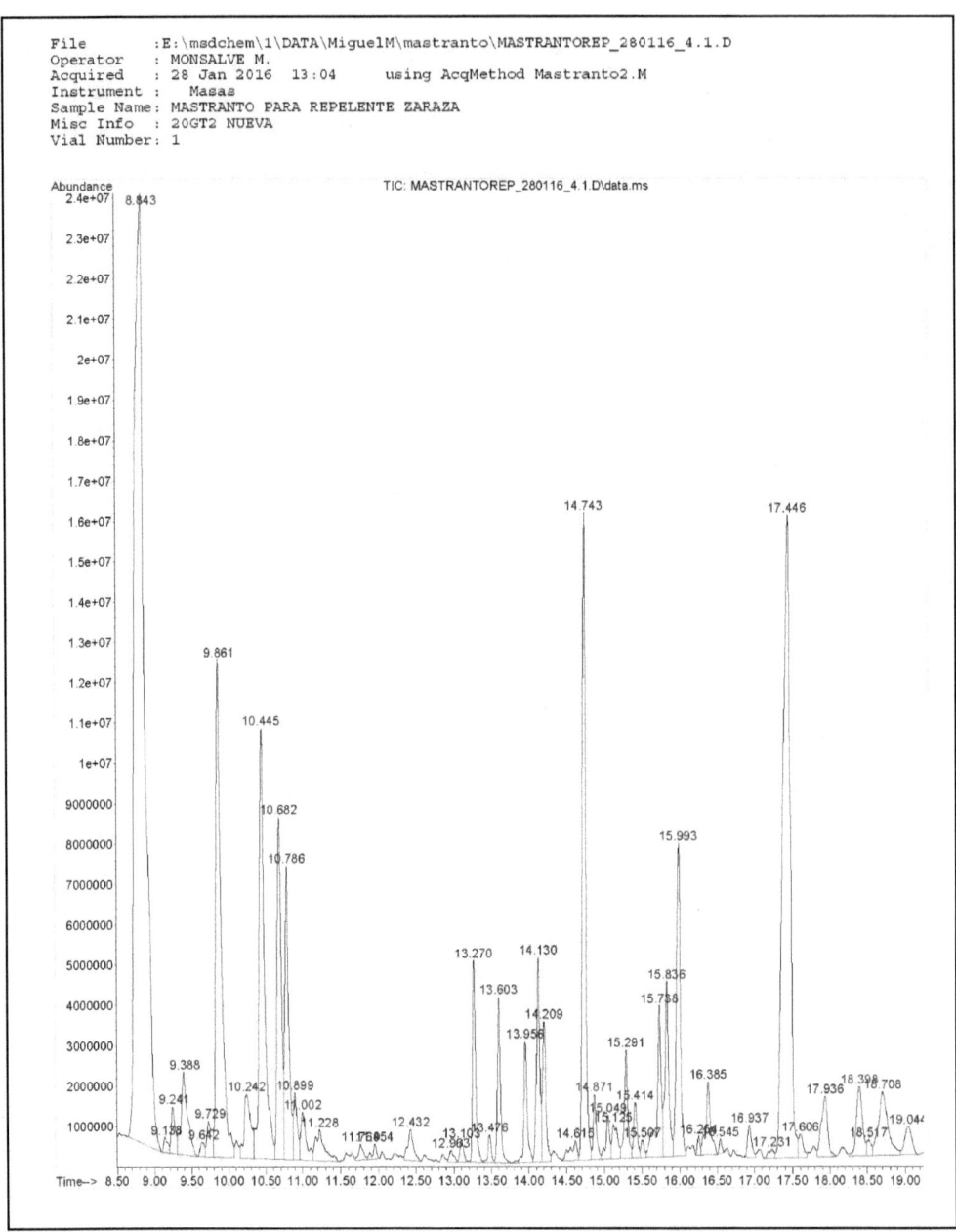

Figura 12. Cromatograma del aceite esencial de mastranto (*H. suaveolens*) empleando el método de extracción y

destilación simultánea (EDS).

Diversas investigaciones demuestran que la composición de los aceites esenciales y extractos puede variar de acuerdo al método de extracción utilizado (Peredo-Luna et al., 2009). Aunque estas variaciones pueden no ser importantes, son detectables por técnicas sensibles como la cromatografía de gases. Las variaciones radican en la diferencias en la proporción de los compuestos e incluso en diferencias en el número de los compuestos. (Sefidkon et al., 2006) Sin embargo, coinciden en la mayoría de los componentes detectados, el principal para ambos métodos es una cetona terpénica bicíclica que tiene por nombre L-fenchona con 24,56% extraído mediante la planta tipo banco y 17,68% para la extracción-destilación simultánea; este es de gran efecto eupéptico, al estimular la motilidad gástrica y carminativa. Seguido del eucaliptol 15,13% y 7,63% respectivamente, el cual se utiliza abundantemente en la industria dela cosmética por sus numerosas propiedades. Además de ser un buen antiséptico para la piel, se hace presente en numerosos preparados de la industria química como insecticidas, fungicidas o repelentes de insectos y parásitos por su capacidad para eliminar los insectos y microorganismos. En tercer lugar, se tiene el sesquiterpeno oxigenado espatulenol (7,14%), solo se observa para el primer método de extracción que se utilizó, que consideramos que fue el mejor por no necesitar solvente alguno, este componente ha demostrado tener actividad múltiple biológica, tal como insecticida, citotóxica y antimicrobiana (Alencar et al., 2005) además de poseer propiedades farmacológicas reportadas (Fullas et al., 1994), lo cual nos da indicio de que cumplirá con todos los requerimientos que se deben cumplir para que sea un buen repelente. Se sabe que la composición del aceite esencial del *Hyptis suaveolens* es variable, y eso se debe a las diferentes condiciones ambientales, origen geográfico, condiciones de cultivo, parte de la planta analizada pueden influenciar en la composición química del aceite esencial (Terra et al., 2006), eso se puede evidenciar en el trabajo realizado por Pérez, 2011 en las 3 zonas estudiadas de una misma región donde la composición del aceite esencial varía.

Pruebas organolépticas

El aceite esencial obtenido, en ambos casos fue de color amarillo verdoso y con olor penetrante mentolado, característico de las hojas del género *Hyptis*, el cual coincide con el reportado en la bibliografía.

Pruebas fisicoquímicas

Densidad: La determinación de la densidad se efectuó tomando en cuenta la masa de aceite esencial contenida en un volumen de 0,4 mL, no se realizó por medio de la técnica del picnómetro pues el rendimiento no superó los 2 mL. La densidad obtenida fue de 0,81 g/mL, un valor ubicado dentro de las densidades reportadas para los aceites esenciales.

Índice de refracción: El índice de refracción se determinó en un refractómetro el cual se calibró inicialmente en 0 con agua destilada, se secó con una mota de algodón y se colocaron dos gotas del aceite esencial.

Tabla 12 Determinación del índice de refracción del aceite esencial de mastranto

N°	Índice de refracción (Adim)	Índice de refracción promedio (Adim)
1	1,4775	
2	1,4775	1,4772
3	1,4766	

El valor obtenido del promedio de tres determinaciones fue: 1,4772 adim. esto indica la posible presencia de compuestos alifáticos oxigenados. Por el contrario, un índice de refracción menor a 1,47 indica un alto porcentaje de hidrocarburos terpénicos o compuestos alifáticos. (Castellanos, 2014).

pH: El pH obtenido por medición directa en el pH metro fue de 4,87, un valor que le confiere características ácidas.

Análisis de diferentes formulaciones de repelentes de insectos voladoresusando el aceite esencial de mastranto (*H. suaveolens*)

La formulación del repelente se hizo a nivel laboratorio, se siguieron las indicaciones de que para productos cosméticos solo se debe tomar entre a 1 a 10% de aceite esencial, es por ello junto con otros datos encontrados en la bibliografía de otras formulaciones de repelentes se plantearon como posibles a 1, 5 y 7% de aceite esencial.Para evaluar la estabilidaddel producto, Se utilizaron muestras de 5mL cada una, las cuales se sometieron a distintos grados de temperaturas indicadas en el capítulo anterior (5°C, aproximadamente 40°C y ambiente).

Figura 13. Vortex agitador de mezclas. (Izquierda). Formulaciones de prueba (Derecha).

Evaluación de las muestras expuestas a temperatura 5°C.

Las muestras evaluadas cambiaron su aspecto físico, transcurridas pocas horas de sometimiento a estas condiciones, se congelaron parcialmente. El pH se mantuvo en un rango de 5-6, un pH ligeramente ácido pero que cumple con los valores aceptables para este tipo de productos. El color no sufrió alteraciones en comparación al presentado inicialmente. El olor característico que le provee el aceite esencial de mastranto no presentó variaciones en ninguna de las formulaciones.

Evaluación de las muestras expuestas a temperatura ambiente 28°C.

Las muestras evaluadas presentaron un pH inicial de 5, seguidamente aumentó a 5,5 y se mantuvo en ese valor hasta finalizar el periodo de prueba de 15 días. Las tres formulaciones mantuvieron una consistencia homogénea, así como también el olor característico del aceite esencial de mastranto. El color no sufrió variación alguna.

Evaluación de las muestras expuestas a temperatura 37°C.

Las muestras sometidas a esta prueba mantuvieron al igual que en los casos anteriores el rango de pH (5-6). En cuanto al aspecto durante los días de estudio la crema tendió a ser mucho más fluida y heterogénea, sobre todo la muestra de la formulación de 7% en aceite esencial donde la variación fue más notoria. El color se mantuvo en la tonalidad blanquecina y el olor no sufrió variación alguna.

Estos resultados indican que las cremas no son estables bajo estas condiciones de almacenamiento.

En la figura 8 se muestran los resultados del valor de pH en las diferentes formulaciones a las diferentes temperaturas evaluadas, se puede observar como el patrón de comportamiento es el mismo en cada una de las formulaciones, descartando posibles fluctuaciones en cuanto a la acidez del producto como consecuencia de la variación de la composición.

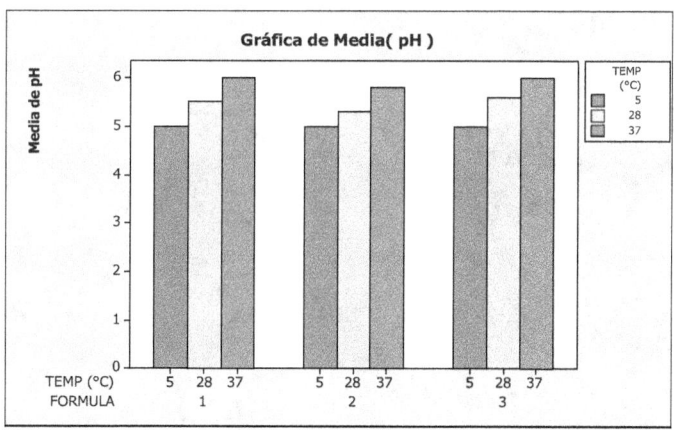

Figura. 14. Comportamiento del pH en las diferentes formulaciones sometidas al estudio de estabilidad preliminar.

Evaluación de las muestras sometidas a la prueba de centrifugación.

Una muestra de cada formulación fue sometida a 3000 rpm por 30 minutos utilizando un centrifugador marca SIGMA modelo 6-15, al finalizar el proceso se observó que las muestras de 1 y 5% de aceite esencial no tuvieron un cambio aparente en su aspecto y se mantuvieron homogéneas, por su parte la muestra de 7% presentó una separación de fases como puede observarse en la figura 11 lo cual indica que la crema en esa composición es inestable y la misma debe ser ajustada o rechazada.

De lo expuesto anteriormente se tiene que en cuanto a estabilidad las composiciones más factibles fueron las de 1 y 5% con las cuales se evaluó posteriormente la eficacia del repelente, siendo la formulación de 7% de aceite esencial descartada.

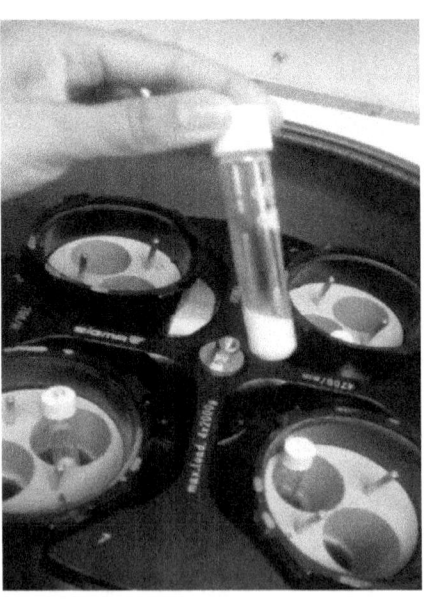

Figura 15. Centrifugador Sigma 6-1   Figura 16. Prueba de centrifugación

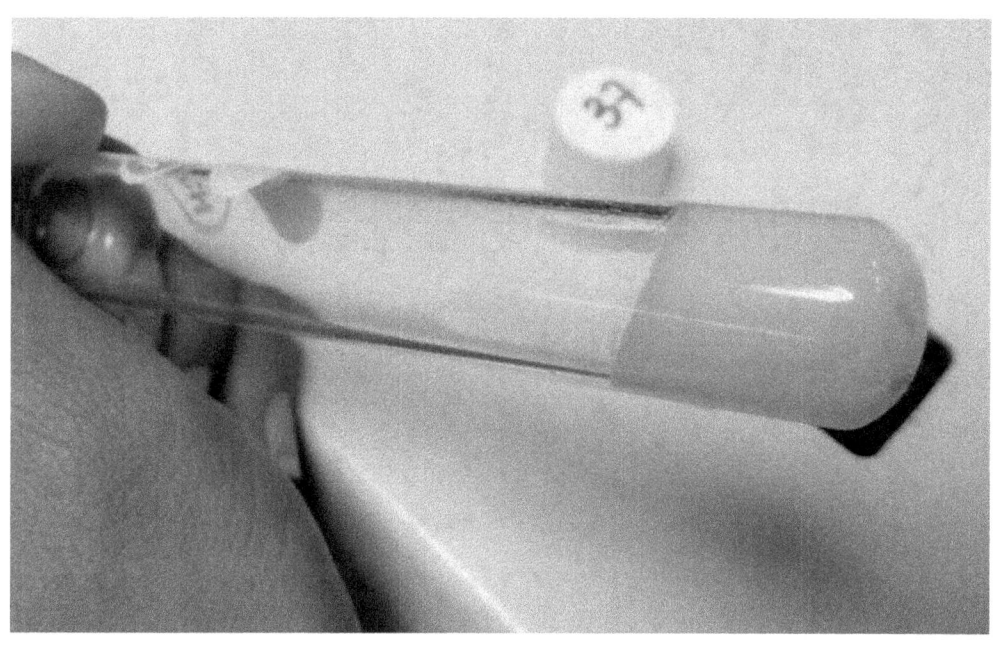

Figura 17. Muestra de crema repelente al 7% con separación de fases

Tabla 13 Evaluación de las características organolépticas de las muestras expuestas a 5, 28 y 37 °C.

	Temperatura ambiente 28°C				Temperatura 5 °C			Temperatura 37 °C		
	Evaluación de color				Evaluación de color			Evaluación de color		
Composición evaluada	Inicialmente	5 días	10 días	15 días	5 días	10 días	15 días	5 días	10 días	15 Días
1%	Blanco	-	-	-	-	-	-	-	-	-
5%	Blanco	-	-	-	-	-	-	-	-	-
7%	Blanco	-	-	-	-	-	-	-	-	-
	Evaluación de olor				Evaluación de olor			Evaluación de olor		
1%	Aroma característico del mastranto	-	-	-	-	-	-	-	-	-
5%	Aroma característico del mastranto	-	-	-	-	-	-	-	-	-
7%	Aroma característico del mastranto	-	-	-	-	-	-	-	-	-
	Evaluación de aspecto				Evaluación de aspecto			Evaluación de aspecto		
1%	Consistente homogénea	-	-	-	+	+	+	-	+	+
5%	Consistente homogénea	-	-	-	+	+	+	-	+	+
7%	Consistente homogénea	-	-	-	+	+	+	-	+	+

Negativo (-): sin alteración

Positivo (+): con alteración

Realizar pruebas del producto final para evaluar el grado de repelencia contra insectos voladores

Pruebas microbiológicas

Para el análisis microbiológico en principio se realizó una siembra "presencia-ausencia" donde se utilizaron tres medios de cultivos diferentes para tener una visión del tipo de microorganismos presentes en la crema y que pudiesen crecer en las condiciones adecuadas, para ello se usaron tres tipos de medios de cultivos PDA (agar-papa-dextrosa) que permite el crecimiento de hongos y levaduras, TGEA para bacterias y aerobios mesófilos y WL (Wallerstein) para bacterias, hongos, levaduras y termófilos aerobios. Se sembraron las muestras por duplicado, en forma estriada y se dejaron las muestras a 28°C por 4 días.

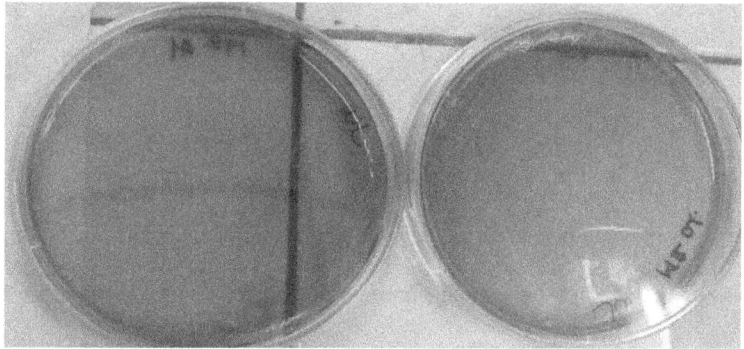

Figura 18. Siembra en medio Wallerstein.

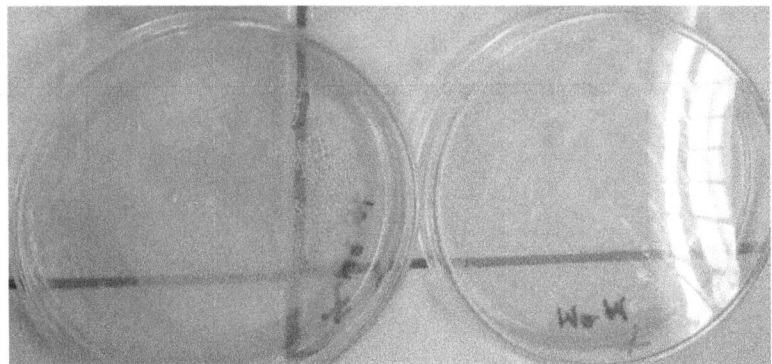

Figura 19. Siembra en TGEA

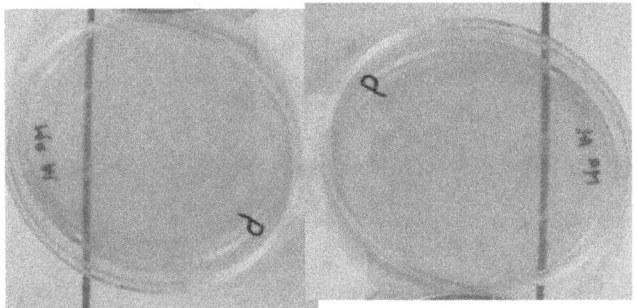

Figura 20. Siembra en agar-papa-dextrosa.

Al finalizar los días de incubación se evidenció que no se visualizaba crecimiento en la siembra en PDA ni en la de TGEA, no se observó la presencia de mohos ni levaduras, más en WL existía una tendencia diferente; al ser este medio uno de crecimiento mixto, se procedió a realizar el método descrito por la norma ISO 21149:2006.

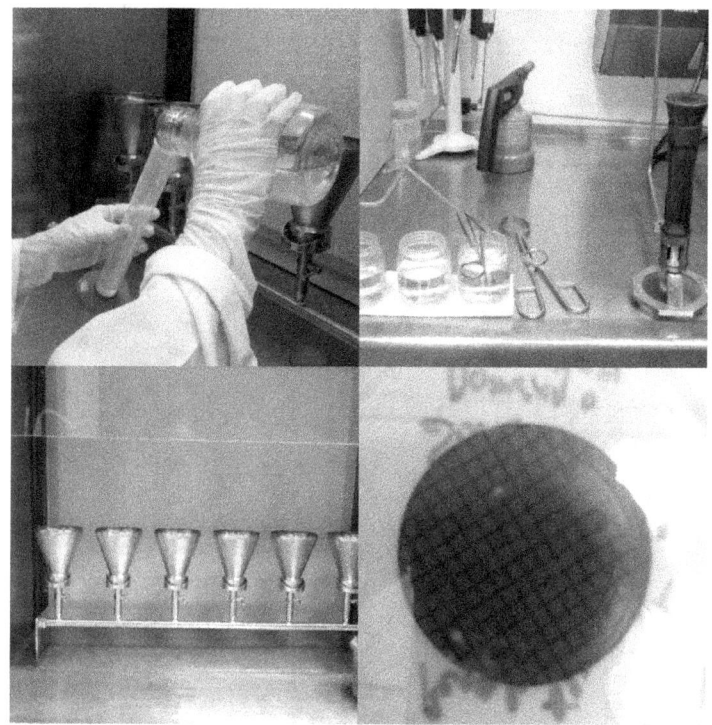

Figura 21. Realización de la dilución para el análisis microbiológico. (Arriba izquierda). Materiales utilizados en el análisis (arriba derecha). Cámara de filtración de la dilución realizada (Abajo izquierda). UFC presentes en la muestra luego de la incubación. (Abajo, derecha).

Se realizó una dilución, filtración y posterior siembra en TGEA de la crema repelente, siguiendo el procedimiento descrito en el capítulo anterior.

Cuando el número de microorganismos presentes en una muestra tiende a ser bajo, se recurrea la filtración de la misma a través de filtros de membrana que retienen bacterias, luego la membrana es colocada sobre un medio agarizado y se procede a la incubación de la misma. (Cerra, *et al*,

2013). Una vez culminado el proceso de incubación se realizó el conteo de microorganismos presentes.

El recuento de microorganismos viables en placa se basa en la formación de una colonia a partir de cada célula viable, utilizando como soporte, medios agarizados en placas de Petri. Como no es posible asegurar que toda colonia derive de un solo microorganismo, la forma correcta de expresar los resultados es como unidades formadoras de colonias (UFC). (Cerra, *et al*, 2013). Los resultados se muestran en la tabla 14.

Tabla 14 Resultados de los análisis microbiológicos realizados a la crema repelente

Microrganismos aerobios mesófilos totales. (UFC/g)	Mohos (UFC/g)	Levaduras (UFC/g)
4×10^2	Ausentes	Ausentes

Las pruebas dieron como resultado ausencia de mohos y levaduras y unidades formadoras de colonias (UFC) de aerobios mesófilos dentro de los límites estipulados por la norma, por lo que puede considerársele un producto libre de microorganismos que puedan ser causantes de su deterioro, así como un riesgo de infección al usuario.

Pruebas dermatológicas

Las pruebas más usadas para analizar cosméticos y determinar la sensibilidad y efecto en la piel son mediante pruebas de parche donde el aspecto evaluado es por medio de la irritación dérmica.

Se escogieron personas voluntarias para determinar si producían reacciones alérgicas, en la prueba señalada no se observaron presencia de alguna reacción a cabo de 24 horas por lo que se procedió a repetir la misma arrojando el mismo resultado, por lo que es permitido la aplicación del producto y se procede a la siguiente prueba.

Prueba de repelencia y aceptación al producto final

Se desarrollaron 2 formulaciones mencionadas anteriormente, se llevó a cabo la realización de una encuesta a una población de 15 personas en la comunidad Los Manires ubicado en el municipio Nirgua, estado Yaracuy, empleando las preguntas claves que ayudaríana evaluar el grado de repelencia con las opiniones de los encuestados con el fin de elaborar y decidir la mejor formulación según ellos, tomando en cuenta la sensación del producto al aplicarlo sobre la piel, su olor, así como también algunas molestias causadas por los insectos, entre otros.

Luego de la realización de las encuestas, los datos recopilados fueron graficados como se muestran a continuación:

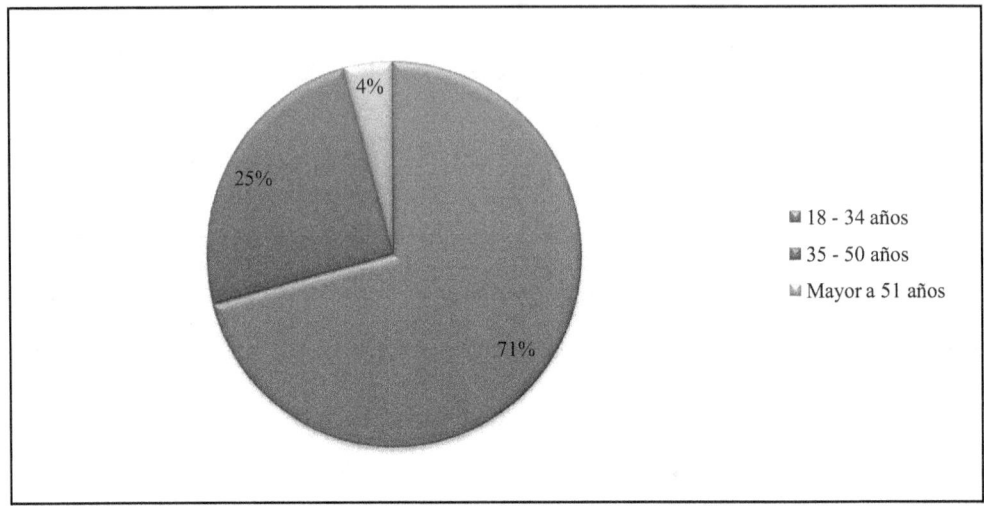

Gráfico 4.1. Edad de la población

En base a los resultados presentados en gráficos, en el gráfico 4.1 se aprecia que las personas encuestadas se ubicaron principalmente en el rango de 18 a 35 años de edad (más del 70%).

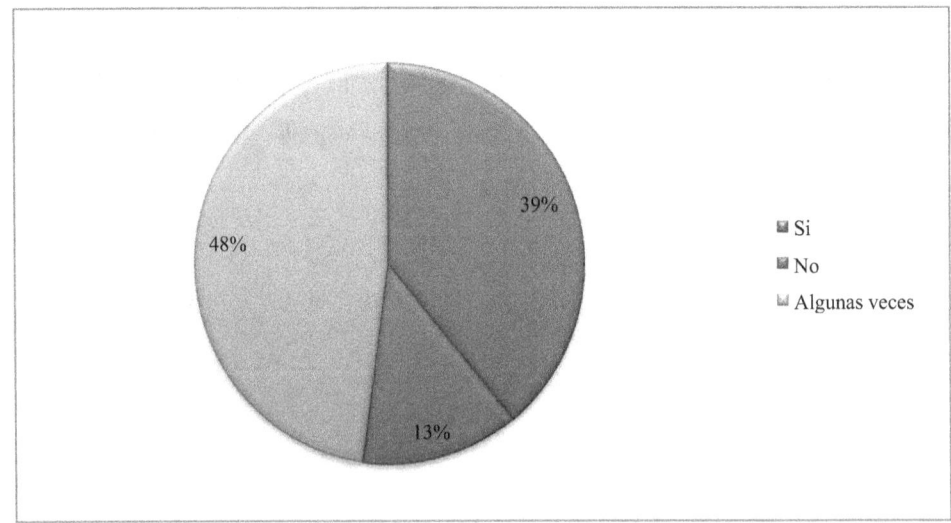

Gráfico 4.2. ¿Es usted picado por insectos con frecuencia?

El gráfico 4.2 denota que casi el 40% de la población es picado por zancudos con frecuencia, mientras que un 48% de los voluntarios algunas veces, lo que garantiza una demanda en los productos de esta gama en caso de ser comercializado para esta zona, cabe destacar que el lugar escogido para realizar las pruebas es un ambiente húmedo, preferido para habitar por estas especies por lo cual se encuentran en gran cantidad en la zona en cualquier época del año.

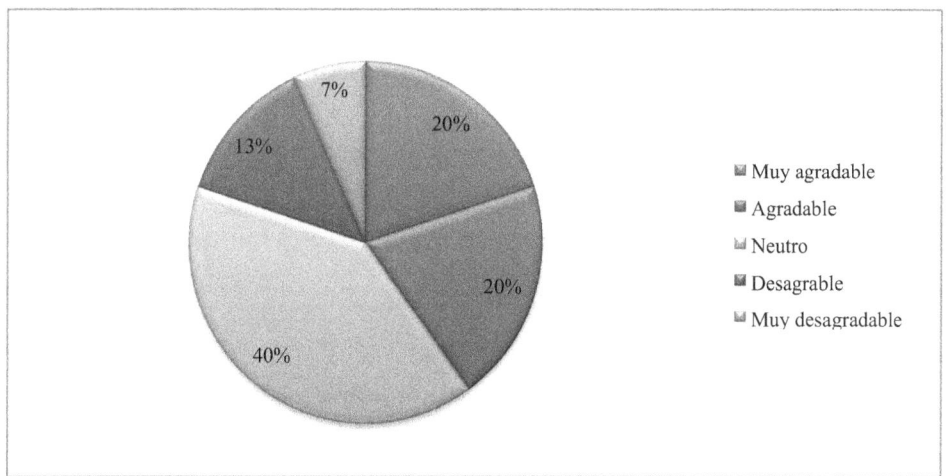

Gráfico 4.3. ¿Qué le parece el aroma del producto?

En cuanto al aroma de las formulaciones, se presenta el gráfico 4.3, la opinión de los encuestados fue muy parecida para las 2 formulaciones a evaluar, 1% y 5% de aceite esencial, esto se debe a que es el mismo aceite esencial solo que varía el grado de intensidad entre ellas. Resultó ser "Muy agradable" para la mayoría con 53% y 47% para las formulaciones 1% y 5% respectivamente, también hay una parte de la población que indica el aroma es neutro, estos añadieron que tienen preferencia ante otros tipos de aroma, sin embargo el producto fue aceptado en este aspecto.

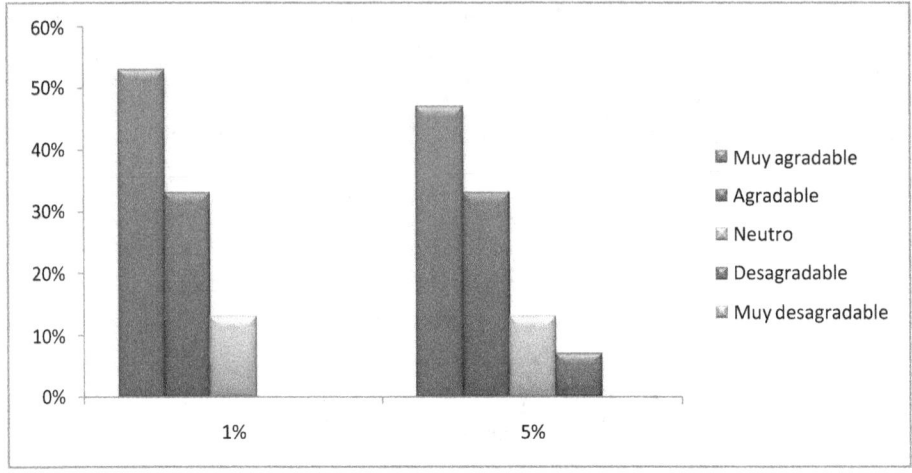

Gráfico 4.4. ¿Qué le parece la sensación del producto al aplicarlo sobre la piel?

Del gráfico 4.4, se expone la reacción a la sensación al aplicar el repelente en la piel, esta fue bastante positiva en todas las formulaciones, la mayoría de la población acotó sentir una sensación de frescura al aplicarlo y recomendarían el producto a otras personas.

Para determinar el grado de repelencia, se contabilizó el número de lesiones encontradas en las zonas donde se aplicó y donde no se aplicó el repelente natural y se hizo una relación.

El porcentaje de repelencia se calcula por medio de la siguiente ecuación:

$$\% \text{ de repelencia} = 1 - \frac{\text{Número lesiones de mosquitos sobre la piel con repelente}}{\text{Número lesiones de mosquitos sobre la piel sin repelente}} \times 100$$

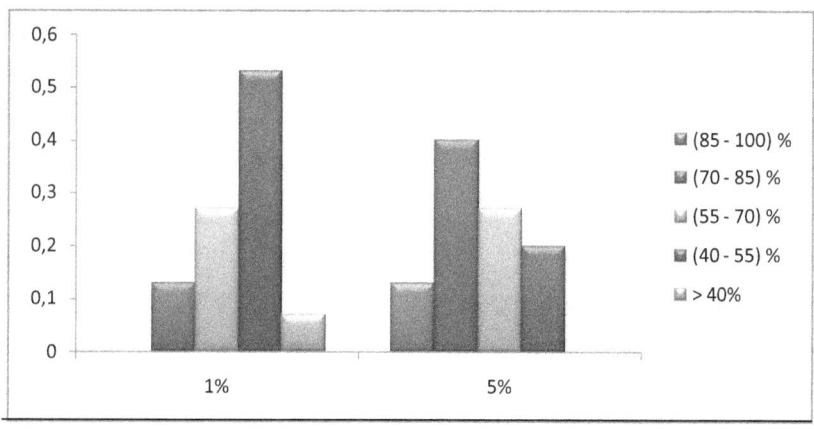

Gráfico 4.5. Resultado de repelencia del producto

Los resultados variaron entre las formulaciones, debido a que los componentes activos del aceite esencial están en diferentes porciones en cada una. En el gráfico 4.5 se observa que los individuos tratados con la crema a una concentración del 1% de aceite esencial se encuentran en un rango de 40% y 55%, lo cual es considerable, pero arroja menor porcentaje de repelencia respecto a la de 5%, se hallaron resultados de 85% y 100% de repelencia, por lo que concluimos que ésta es la mejor formulación para la elaboración del producto final.

Los resultados en cuanto a los efectos no deseados fueron los mismos para las formulaciones. Todas las personas encuestadas están de acuerdo con que el repelente natural no causa efecto irritante sobre la piel al usuario, lo que sustenta el resultado de las pruebas dermatológicas.

4. Conclusiones

- Los parámetros operacionales óptimos para obtener un mayor rendimiento en la planta tipo banco por arrastre con vapor son: Cantidad de material vegetal 300g y un flujo de vapor de agua igual a 831,018 mL/h.

- Los parámetros operacionales óptimos para obtener un mayor rendimiento en la destilación extracción simultánea en el equipo Likens-Nickerson son una carga de material vegetal de 20g de hojas secas con un tamaño de 2-4 mm.

- El aceite esencial de mastranto presenta una coloración amarillo verdoso, con un olor penetrante mentolado, algo característico del tipo de planta.

- Los compuestos mayoritarios en la extracción por arrastre con vapor fueron: L-fenchona, eucaliptol y espatulenol, 24,56%, 15,13% y 7,14% respectivamente.

- Los compuestos mayoritarios en la extracción destilación simultánea fueron: L-fenchona y eucaliptol 17,68%, 7,63% de porcentaje de área bajo la curva respectivamente.

- Las propiedades fisicoquímicas del aceite esencial de mastranto obtenidas experimentalmente fueron; densidad: 0,812 g/mL, pH: 4,87 e índice de refracción: 1,4772 Adim. esto indica la posible presencia de compuestos alifáticos oxigenados.

- El estudio de estabilidad mostró que las composiciones más adecuadas eran las de 1 y 5 % de aceite esencial.

- El producto no mostró evidencia de contaminación microbiológica, cumpliéndose los parámetros que exigen las normas establecidas en los convenios internacionales para elaboración de cosméticos.

- Las pruebas dermatológicas no arrojaron anomalía ni se encontró evidencia de que el producto final produzca efectos no deseados en la piel.

Referencias

Alcántara, B. (2015) "Factibilidad técnico-económica y puesta en marcha de una planta tipo banco para la extracción de aceite esencial de mastranto (*Hyptissuaveolens*) por arrastre con vapor". Trabajo especial de grado no publicado. Universidad de Carabobo. Bárbula, Venezuela.

Alfonso, C. (2014) "Fábricas de repelentes están casi paradas". Articulo. Diario El Nacional. De 18 de septiembre de 2014.

Arias, G., Ruiz, C., Tunarosa, F., Durán, C. Martínez, J., Stashenko, E. y Fernández, J. (2005): "Estudio por GC-MS de la composición química de los aceites esenciales de nueve especies del género *Hyptis* (Fam. Labiatae)". Congreso Colombiano de cromatografía.

Box, G.; Hunter W. y Stuart J. (2008). "Estadísticas para Investigadores". Editorial Reverté, Pág 64.

Casanova, J.; Sanmartín, V.; Martí, R.; Morales, J.; Soler, J.; Purroy, F. y Pujol R. (2014). *"Evaluating clinical dermatology practice in medical undergraduates"*. Actas Dermo Sifiliográficas. (English Edition), Vol.105, N° 5. Pág 459-468.

Castellanos, M. (2014) "Determinación de los compuestos volátiles en *Pentacalia vaccinioides*, su estudio antioxidante y antimicrobiano". Tesis de grado. Facultad de Ciencias. Pontificia Universidad Javeriana. Bogotá. Colombia.

Castro, A.; Morales, B.; Rondón, A. y Henriquez J. (2004) *"¿Cuál es la reglamentación sanitaria en materia de cosméticos?"* Dermatología Venezolana, Vol. 8, N° 3. Pág. 105 y 106.

Cengel, Y; Ghajar, A. (2011). "Transferencia de calor y masa". Cuarta edición. Editorial Mc GrawHill. España.

Cerpa, M. (2007). "Hidrodestilación de aceites esenciales: modelado y caracterización". Tesis doctoral. Universidad de Valladolid. Valladolid, España.

Cerra, H; Fernández, M; Horak, S; Lagomarsino, M; Torno, G; Zarankin, E. (2013). "Manual de microbiología aplicada a las industrias farmacéutica, cosmética y de productos médicos". Subcomisión de buenas prácticas de la división de alimentos, medicina y cosméticos. Buenos Aires, Argentina.

Chávez, S. y Rivas, M. (2003). "Desarrollo de un repelente natural de insectos basado en el aceite esencial de limón". Trabajo especial de grado publicado. Universidad de Carabobo. Bárbula, Venezuela.

Comunidad Andina. Resolución 1418. (2011). Adiciones a la resolución 797. Límites de contenido microbiológico en productos cosméticos.

Daza, L.; Flores, N. (2006). "Diseño de un repelente para insectos voladores con base en productos naturales." Trabajo especial de grado. Universidad EAFIT. Medellín, Colombia.

Duque, C; Morales, A. (2005)."El Aroma frutal de Colombia". Facultad de Ciencias. Universidadnacional de Colombia. Bogotá. Colombia.

Escobar, A. (2012) "Diseño y puesta en marcha de una planta piloto de arrastre con vapor parala obtención de aceites esenciales". Trabajo especial de grado publicado. Universidad de Carabobo. Bárbula, Venezuela.

Espitia, C. (2011) "Evaluación de la actividad repelente e insecticida de aceites esenciales extraídos de plantas aromáticas utilizados contra *Tribolium Castaneum Herbst (Coleptera: Tenebrionidae)"*. Universidad de Cartagena. Cartagena de Indias, Colombia.

Guadayol, J. (1994). "Estudios de los parámetros para la determinación de los compuestos orgánicos volátiles de la oleorresina de pimentón". Memoria presentada para la obtención del título de Doctor en ingeniería Industrial Universidad Politécnica de Catalunya. Barcelona. España. Páginas consultadas: 47-62.

Guerrant, R; Walker, D; Weller, P. (2002) "Enfermedades infecciosas tropicales". Ediciones Harcourt Edición en español. Pág. 6-7, 32-37, 123.

Guillén, C. y Hernández A. (2003) "Evaluación del rendimiento de tres procesos de extracción diferentes para la obtención de esencia de piña (Ananas comosus) "Trabajo especial de grado publicado. Universidad de Carabobo. Bárbula, Venezuela.

ISO 21149; (2006). Microbiología, cosméticos. Conteo y determinación de bacterias aerobias mesófilas. 1° Edición.

Llorens, J. (2011). Extracción-Destilación simultáneas. Equipo Likens-Nickerson. Recurso audiovisual. Universidad politécnica de Valencia. De: https://riunet.upv.es/handle/10251/13314
Marcano, D. y Hasegawa M. (2002). "Fitoquímica Orgánica". Colección estudios. Universidad Central de Venezuela

McCabe, W y Smith, J. (1978). "Operaciones básicas de ingeniería química". Volumen 1. Editorial Reverte. Barcelona, España.

Matute, J., Quiroga, F. y Marquina, G. (2004). Factibilidad técnico-económica de una planta piloto para la obtención de aceite esencial de mastranto (Hyptissuaveolens). Ponencia presentada en la Asociación Venezolana para el Avance de la Ciencia, ASOVAC 2004.

Montgomery, D. (2004). "Diseño y análisis de experimentos". Segunda edición. Editorial

Limusa.México DF. México. Páginas consultadas: 218-271.

Neira, J. (2009). "Diseño de ingredientes antioxidantes de origen natural y su aplicación en la estabilización de productos derivados de la pesca." Universidad de Santiago de Compostela. Pág. 46-47.

Prat, A; Tort-Martorell, X; Cintas, G y Pozueta, L. (2004). "Métodos estadísticos: control y mejora de la calidad". Universidad Politécnica de Catalunya. Barcelona. España.

Olmedo, R; Orellana, G. y Tenas, A. (2003). "Elaboración de una loción repelente a partir de los extractos y aceites esenciales de Ocimum micranthum (Albahaca) y Cymbo pogonnardus (Citronella)" Trabajo de Graduación. Universidad de El Salvador. San Salvador, El Salvador.

Ortuño, M. (2006). "Manual práctico de aceites esenciales, aroma y perfumes". Editorial Aiyana, primera edición. España. Pág. 7.

Peredo-Luna, H; Palou, E; López, A (2009). "Aceites esenciales Métodos de extracción. Temas selectos de ingeniería de alimentos". Vol 3. Pág. 24-32.

Pérez, D.; Marquina, G Alvarado, C. (2011). "Evaluación de la composición química del aceite esencial de mastranto (*Hyptis suaveolens*) según su origen geográfico en el estado Yaracuy, Venezuela". Revista Ingeniería y Sociedad UC. Vol 7, n° 2. Pág 95-105.

Rodríguez, M; Alcaraz, L y Real, S. (2012). "Procedimientos para la extracción de aceites esenciales en plantas aromáticas". Centro de Investigaciones biológicas del Noroeste. Instituto Politécnico Nacional. México.

Romero, R; López, G y Pérez A. (2003). "Elaboración de una loción repelente a partir de los extractos y aceites esenciales de *Ocimum micranthum* (Albahaca) y *Cymbo pogonnardus* (Citronella)". Universidad de El Salvador. Facultad de Química y Farmacia. San Salvador. El Salvador.

Sabater, I; Mouselle, L. (2012). "Cosmetología para estética y belleza". Mc Graw Hill/ Interamericana de España. Barcelona, España.

Sefidkon, F.; Abbasi, K. y Khaniki, G. B. (2006). *"Influence of drying and extraction methods onngibre (Zingiber officinale)"*. Revista amazónica de Investigación Alimentaria, Pág 38 — 42. Universidad Nacional Amazónica del Perú. Perú.

Torres, L. (2011). "Estudio de la hidrodestilación del aceite esencial de Lippia alba (Mill) N. E. Br, en una destilador a escala piloto" Trabajo especial de grado. Escuela de Ingeniería Química. Universidad industrial de Santander. Bucaramanga, Colombia.

Villamar, A., Cano, L. y Rodarte, M. (1994). "Atlas de las plantas de la medicina tradicional mexicana". Segunda edición. Pág. 83, 397 y 398.

Villen, J. (1993) "Uso del Vaporizador con temperatura programada (PTV) para la introducción directa de elevados volúmenes de muestra en cromatografía de gases". Aplicación al análisis de alimentos. Universidad Complutense de Madrid. Madrid, España.

Wide, A; Moreno, J. y Noya, O. (2011). "Fundamentos en el diagnóstico y control de la malaria". Ministerio del Poder Popular para la salud. Instituto de Altos Estudios (IAE).

www.ingramcontent.com/pod-product-compliance
Lightning Source LLC
Chambersburg PA
CBHW052351220526
45465CB00003BA/1050